AF367816

COURS COMPLET

CULTURE DU MURIER.

COURS COMPLET

OU NOUVEAU

TRAITÉ PRATIQUE SUR LA TAILLE

ET LA

CULTURE DU MURIER,

SUIVI DE QUELQUES OBSERVATIONS

sur l'éducation des Vers à soie ;

Seconde édition,
revue et augmentée de quatorze planches
représentant quarante-deux variétés de Mûriers, lithographiées,
et décrites après une expérience de vingt-trois ans.

Par **GAILLARD**,

HORTICULTEUR-PÉPINIÉRISTE A BRIGNAIS PRÈS LYON (RHÔNE),

[illegible]
[illegible]
[illegible]
[illegible]

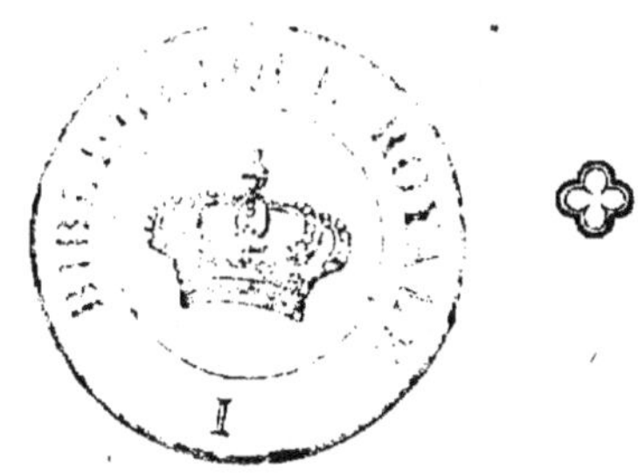

LYON.

IMPRIMERIE TYPOGRAPHIQUE ET LITHOGRAPHIQUE

DE LOUIS PERRIN,

Rue d'Amboise, 6, quartier des Célestins.

1840.

OBSERVATIONS.

Les observations et les faits que je soumets au Public n'ont point été puisés dans les bibliothèques, ils ne sont la suite d'aucun principe systématique, et j'avoue qu'étranger à la science et à la littérature, tout l'intérêt de cet ouvrage se rattache à l'utilité qu'il peut avoir pour l'agriculture. Pendant vingt-trois ans de travaux et d'expériences, j'ai consciencieusement pris note des faits que la nature a rendus sensibles à mes yeux, et mon but est simplement d'offrir à mon pays le faible tribut de mes observations.

Animées d'un sentiment d'intérêt national, les Sociétés Séricoles, formées d'hommes distingués et savants, et qui s'élèvent de toutes parts pour la propagation de l'industrie de la soie en France, ont, par de louables efforts, stimulé mon zèle et m'ont inspiré l'idée d'aider aux succès de leurs utiles entreprises. On trouvera dans mon

Traité de culture comment l'art pratique de bien élever le Mûrier s'exécute et peut être mis à profit dans toutes les contrées du royaume. L'ensemble de cet ouvrage n'est pas volumineux, mais il n'est pas nécessaire de dire tant de mots pour expliquer des faits qui doivent être compris par les hommes les moins instruits. J'indiquerai les moyens les plus simples et les plus sûrs pour faire prospérer *l'arbre d'or* (le Mûrier) , partout où l'on se plaira à s'en occuper. Quelques hommes illustres et savants ont écrit avant moi sur cette culture , tels que le comte Verri, d'Andollo , Matthieu Bonafous ; les idées de ce dernier ont été reproduites dans un Cours complet, ou *nouveau Dictionnaire théorique et pratique d'Economie rurale et de Médecine vétérinaire*, composé par un grand nombre d'hommes savants. Mais ces Messieurs , bien recommandables sans doute , ont traité du Mûrier avec beaucoup plus d'érudition que de science positive et d'art pratique , parce qu'il leur était bien difficile d'en parler autrement, n'étant point de fait cultivateurs - pépiniéristes eux-mêmes : ceci n'est pas étonnant. J'ignore, en effet, si jamais un pépiniériste praticien s'est avisé d'écrire sa méthode et de faire un traité de ses observations ; mais comme il est imprudent et inconvenable à un auteur d'empiéter sur le domaine de ses semblables, je me tais sur les vices et les erreurs qui peuvent exister dans les écrits antérieurs et contemporains au mien sur cette matière. Je me permets seulement de faire observer que celui-ci est le travail d'un homme du métier, qui ne parle que d'après sa longue pratique, ayant eu constamment la main à l'œuvre, et qui n'a écrit que ce que sa propre expérience lui a dicté. En faisant usage de ce petit Traité, ou trouvera l'évidence de ces assertions.

Certains auteurs se sont occupés de la chronologie du Mûrier : ils nous rappellent que cet arbre précieux est originaire de la Chine, qu'il a été introduit en France à la fin du quatorzième siècle, sous Charles VIII ; mais il importe peu au paysan qui s'occupe d'agriculture, d'employer son temps à chercher la route par laquelle le Mûrier a passé pour arriver en France ; il lui importe seulement d'avoir sous les yeux de bons traités de culture qui soient à la portée de son intelligence. La plus grande partie de la France a déjà compris l'avantage qu'elle doit retirer des immenses produits de cette culture. La prospérité de la nation repose essentiellement sur l'agriculture, et malheureusement l'ignorance règne dans les campagnes éloignées des villes ; les personnes douées de quelque intelligence quittent leur village pour se retirer dans les grandes villes manufacturières , afin de se livrer aux travaux des fabriques, et la campagne manque de bras pour faire fleurir cette science agricole. Le ministre du commerce et de l'agriculture a besoin de recommander aux dréfets de faire exécuter scrupuleusement la loi sur l'élargissement des chemins vicinaux, et d'engager les propriétaires à remplacer leurs clôtures d'épines par des haies de Mûriers, et à accorder des primes d'encouragement aux propriétaires qui se voueraient le mieux à l'adoption de ce riche système.

Puissent les notions que je vais indiquer aux cultivateurs leur épargner le temps perdu et les frais qu'entraînent les essais et l'étude des moyens à employer pour l'entretien du Mûrier ! La base sur laquelle repose la méthode que j'indique appartient à vingt-trois ans de travaux que j'ai consciencieusement suivis , et aux divers voyages que j'ai faits dans toutes les contrées de la France où le Mûrier est cultivé le plus en grand depuis longtemps.

Culture
DU MURIER.

CHAPITRE PREMIER.

Divers essais ont été faits avec plusieurs végétaux pour nourrir les vers à soie, mais l'expérience a prouvé que rien ne pouvait remplacer avantageusement la feuille du Mûrier.

Je m'efforcerai donc de faire connaître quelques variétés des plus utiles à être cultivées avec profit, dans le climat qui peut leur être le plus favorable. Certains agronomes avaient donné leur préférence à une variété de Mûrier qu'ils appelaient le *Mûrier blanc*. Cette variété poussant ses feuilles quinze à vingt jours avant le Mûrier noir, qui a été le premier introduit, son adoption rendit plus précoce l'éducation des vers à soie : de la sorte, les insectes se trouvaient préservés des grandes chaleurs du solstice d'été. Mais aujourd'hui les quantités déjà si nombreuses et toujours augmentant de belles variétés obtenues des semis, mettront les agronomes dans l'impossibilité de s'accorder sur leur nomenclature. Après avoir examiné attentivement, j'ai donné la préférence pour les pays froids aux variétés qui ont résisté dans mes pépinières l'hiver de 1837-1838, où les arbres les plus robustes ont été détruits par la basse température. Ayant reconnu l'avantage du *Mûrier mâle*, soit par la bonne qualité de sa feuille, soit par la rusticité de son bois, je conseille aux agriculteurs de l'adopter par rapport au grand mérite de sa feuille qui n'a jamais de fruit et qui est, par conséquent, sans déchet.

Dans le dernier âge du ver à soie, où la feuille n'est quelquefois que grossièrement mondée, on sera exempt d'avoir dans la litière des baies qui ne font qu'augmenter sa fermentation, ce qui est très nuisible aux insectes. — On peut cultiver le Mûrier pour nourrir les vers à soie dans tous les climats où l'on peut récolter des fruits, soit à pépins, soit à noyaux.

Certains auteurs s'accordent à dire que c'est la nature du sol qui fait la qualité de la feuille, tout comme les habitants du Midi disent que l'on ne pourra pas cultiver les Mûriers avec avantage dans le Nord, ni y élever les vers à soie ; mon expérience m'a mis à même de réfuter ces deux assertions erronées. Lors de mes voyages dans le Midi, en parcourant le Vivarais, les Cevennes et le Vigan, même le département de la Drôme, j'ai vu des éducateurs, dans le même hameau, sur un sol de même nature, être les uns riches en cocons de très bonne qualité, et les autres totalement frustrés des fruits de leurs travaux.

Je fais à Brignais, depuis douze ans, des vers à soie qui m'ont toujours parfaitement réussi. Les insectes n'ont jamais été nourris qu'avec de la feuille de Mûriers greffés en pépinière, dans un lieu bas, le long des rivières ; ce qui détruit complétement la supposition légèrement avancée, d'une différence sensible en qualité, en faveur de la feuille des Mûriers plantés en lieux élevés et dans des terrains naturellement secs et légers. Mon expérience m'a prouvé la fausseté du préjugé, et mes observations, scrupuleusement recueillies, m'ont fait reconnaître qu'il n'y avait que la feuille des Mûriers taillés annuellement qui pouvait être nuisible à la santé de ces insectes sous le rapport des aliments. On nous a parlé de la culture du Mûrier multicaule en prairie selon la méthode chinoise; mais l'expérience a fait faire un si grand pas à l'industrie agricole, que, pour peu que l'homme ait d'intelligence, il comprendra aisément que cette méthode ne peut être que le fruit de l'ignorance, puisque cette variété de Mûrier élève sa tige herbacée assez haut avant de pousser ses feuilles : il serait donc préférable de cueillir avec discernement, en cas d'urgence, de la feuille sur les semis d'un an des Mûriers ordinaires.

CHAPITRE II.

Des agronomes ont indiqué la propagation du Mûrier par des provignages, mais le moyen le plus sûr pour accélérer sa multiplication est d'avoir des sujets vigoureux et de belle venue : pour cela, il faut avoir recours aux semis. Une idée généralement reçue est qu'il ne faut cueillir la graine que sur des arbres ni trop jeunes, ni trop vieux; mais personne ne donne là-dessus aucune raison plausible. J'ai observé que le seul inconvénient qu'il peut y avoir de cueillir la graine sur un jeune arbre est que, la trop grande abondance de sève détruisant la poussière fécondante, la baie contient une trop petite quantité de graines pour mériter la peine d'être récoltée.

Quant aux Mûriers adultes, tant vieux soient-ils, on peut y recueillir de la graine. Tant que l'arbre poussera des branches, il donnera du fruit, et sa semence sera toujours de première qualité. Lorsque les baies sont arrivées à leur parfaite maturité, on secoue légèrement les branches des arbres, afin qu'il ne se détache que les fruits parfaitement mûrs; on étend des toiles sous les arbres, pour en abréger la cueillette; on dépose ensuite ces mûres dans un vase : on les laisse fermenter pendant l'espace de vingt-quatre heures. Cette fermentation donne une grande facilité pour le nettoiement ou *appropriage*; après cela, on écrase les mûres jusqu'à ce que la pulpe en soit détachée. Après cette opération, on remplit le vase d'eau, on remue fortement pour bien délayer cette pâte, on laisse ensuite reposer deux minutes, on incline le vase pour répandre l'eau, et l'on réitère cela jusqu'à trois fois. Au bout de cette opération, la graine reste propre au fond du vase, on la retire sur un linge, et on l'étend à l'ombre pour la faire sécher dans un lieu aéré. — L'époque de semer le Mûrier varie d'après le climat et la nature du sol; le cultivateur doit consulter son terrain et son climat : généralement on sème le Mûrier de mars en mai; mais une époque très favorable pour le semer, c'est aussitôt après avoir récolté la graine. Le moyen de conserver la graine est, après l'avoir fait sécher convenablement , de la mettre dans une boîte fermée hermétiquement pour la soustraire au contact de l'air. Le terrain doit être d'une fertilité passable, ni trop sec ni trop humide : on le défonce deux ou trois fois à un pied de profondeur, pour bien extraire les pierres et la mauvaise herbe , s'il y en a; il faut avoir soin d'enterrer du fumier au premier dé-foncement, pour qu'il puisse s'incorporer avec la terre en l'émiettant au second défoncement. On distribue le terrain en planches de trois pieds de largeur, afin de pouvoir les sarcler et arroser avec facilité; on trace sur les planches de pe-tites rigoles au cordeau, de huit à dix pouces de distance, et de la profondeur d'un demi-pouce; on le recouvre soigneusement avec du terreau bien pulvérisé : après avoir répandu la graine, si le terrain est léger, l'on doit passer un petit rouleau sur la planche, ou se servir d'une batte pour serrer les pores de la terre , afin de préserver du contact de l'air la radicule de la graine au moment où elle se développe. La même opération doit être faite dans un fort terrain ; mais alors il faudrait couvrir toute la surface avec le même terreau , pour empêcher que la terre ne devienne comme un ciment en arrosant. Il n'est pas possible de fixer la quantité de graine à répandre sur une étendue donnée ; il vaut mieux semer un peu épais que trop clair, et le plus également possible ; il faut avoir soin de bien tenir sarclés et arrosés les jeunes plants pendant tout l'été. Au printemps suivant , on doit extirper de la terre tous les plus forts plants pour les planter en pépinière, couper ras terre ceux qui occupent encore la place, et avoir soin , au moment où ils poussent leurs bourgeons, de bien les nettoyer pour qu'il ne pousse qu'une seule tige. Je n'approuve pas la méthode de greffer le Mûrier en pourrette, pour être ensuite transplanté en pépinière , d'après les moyens qu'indique M. Bonafous. En cultivant le Mûrier ainsi, il faudrait huit ans pour avoir un arbre de trois pouces et demi à quatre pouces de circonférence et de six pieds de hauteur ; tandis que, par les moyens que j'indiquerai plus loin, j'ai eu en cinq ans, y compris l'année de semis, un an de plantation en pépinière, et deux ans de greffe , des Mûriers de trois à quatre pouces et demi de circonférence et de six pieds de hauteur formés en tête.

DE LA PÉPINIÈRE.

D'après les observations de l'honorable M. Bonafous , il conviendrait de greffer le Mûrier en pourrette, pour être ensuite planté en pépinière à trois pieds de distance ; mais j'ai l'honneur de faire observer que ni l'une ni l'autre méthode ne peuvent donner des résultats avantageux ; le Mûrier en semis est toujours pivotant, et la vigueur que lui procure l'effet de la greffe force nécessairement le pivot à grossir ; et lorsqu'il est arraché et son pivot recépé pour être mis en pépinière, il ne lui reste aucune racine latérale pour aider au développement d'une bonne végétation. La distance de trois pieds ne convient non plus qu'aux cultivateurs qui n'ont besoin de mesurer ni leur temps ni le terrain. Le moyen à employer pour faire une bonne plantation est de défoncer le terrain à deux pieds de profondeur ; après le défoncement, si le terrain est d'une m édiocre qualité, il faut répandre du fumier sur la surface et l'enterrer à la bêche, ensuite tirer des lignes droites à deux pieds de distance, et planter les Mûriers à quatre décimètres vingt centimètres, ou seize à dix-sept pouces sur la ligne. Les sujets les plus propres à être mis en pépinière avec succès, sont les pourrettes d'un à deux ans, mais mieux celles d'un an si elles ont atteint la grosseur d'un canon de plume, les jeunes plants étant alors pourvus de ces racines fibreuses qui facilitent la reprise. On doit, pendant le courant de l'été, donner de deux à trois binages de la profondeur seulement de deux à trois centimètres. Les jeunes plants doivent être coupés à douze centimètres de hauteur ; et aussitôt que la végétation se présente, il faut avoir soin d'ébourgeonner et de ne laisser pousser qu'une seule tige, toujours la plus près de terre, et continuer l'ébourgeonnement jusqu'au 15 juillet, depuis ras terre jusqu'à la hauteur de vingt centimètres seulement. En suivant scrupuleusement cette méthode, on est assuré d'avoir de fort beaux sujets prêts à être greffés le printemps suivant. Il faut bien se garder d'ébourgeonner la tige du jeune Mûrier avant ni pendant l'hiver, pour éviter le mal que le froid peut causer par suite de cette opération inopportunément faite.

DE LA GREFFE.

On est encore bien loin de s'accorder sur la manière de greffer, dans les départements de l'Ardèche, de la Drôme et de l'Isère. La plupart des propriétaires ne se soumettraient pas à planter un Mûrier greffé au pied ; ils prétendent que, de la sorte, l'arbre court la chance d'être fendu par la gelée ou calciné par la sécheresse. Lorsque leur arbre a atteint la grosseur d'environ neuf à dix centimètres de circonférence, ils le plantent en place et, la deuxième année, ils le greffent en tête à la flûte : cette méthode ne peut être partagée que par les cultivateurs qui ne sont pas pressés de jouir, et qui n'ont pas le goût d'une plantation régulière. J'approuve aussi la méthode de greffer le Mûrier en tête ; mais alors il faut laisser ce soin aux pépiniéristes : par ce moyen, le planteur sera toujours assuré de faire des plantations régulières.

J'ai déjà fait usage de la greffe en tête sur une assez grande échelle; mais comme les pieds ne sont jamais si lisses que ceux greffés au pied, et que les propriétaires peu connaisseurs s'imaginent que l'arbre est de mauvaise venue, je m'abstiendrai de propager cette greffe jusqu'à ce que le temps des appréciateurs de l'autre système soit arrivé. Il ne faut donc pas s'étonner que la plupart des pépiniéristes aient plus ou moins de cultures factices, puisque la plupart des amateurs dépourvus de connaissances nécessaires ne jugent que par le coup d'œil.

La greffe à la flûte est la préférable pour pratiquer en tête. Il faut avoir soin, pour l'un et l'autre mode, de couper les baguettes en février, avant que la sève ait fait aucun mouvement, ensuite les enterrer dans du sable ou de la terre bien meuble, jusqu'à la fin d'avril où l'on commence la greffe. La greffe à la flûte est en usage dans le Vivarais, la Drôme et l'Isère. J'ai vu des greffeurs poser deux cents greffes sur de vieux Mûriers, et elles réussirent toutes ; celles qui rendaient l'arbre trop touffu furent coupées au bout d'un an, et produisirent cent vingt livres de feuilles. La greffe à l'écusson est moins avantageuse pour cet usage, elle nécessite beaucoup plus d'entretien pour préserver les greffes de la violence des vents.

DE LA CULTURE ET DES AVANTAGES DU MURIER.

Peu d'arbres nous offrent le spectacle d'une vitalité aussi surprenante que celle du Mûrier : il semble avoir accepté une lutte avec les préjugés et l'ignorance de l'homme; il se prête à ses caprices les plus extravagants, et triomphe souvent de l'application du système erroné auquel se livrent, à son égard, les cultivateurs ignorants.

J'ai vu des Mûriers, plantés en dépit du sens commun, pousser néanmoins des tiges assez belles, et présenter pendant quelques années l'aspect d'une nature satisfaisante. J'en ai vu dans le département des Bouches-du-Rhône qui, horriblement mutilés, et le tronc couvert de moignons, se couvraient de larges feuilles cachant généreusement l'ineptie du tailleur.

C'est, j'ose le dire, à cette faculté qu'a le Mûrier de braver ses bourreaux, qu'il faut attribuer la persistance fâcheuse des cultivateurs à rejeter la loi du progrès. Si l'arbre périssait aussitôt après avoir été planté ou mal taillé, le propriétaire s'apercevrait aisément du mauvais

2

principe , et alors il s'ingénierait par d'autres
moyens à arriver à de meilleurs résultats ; mais
le Mûrier donnant signe d'existence , n'importe
à quelles conditions , la routine continue sa
marche , et le vulgaire la suit.

Il arrive donc que , lorsque le Mûrier ne pa-
raît pas aux yeux du cultivateur dans un état
de végétation satisfaisant , il le couvre d'engrais ,
il l'accable de tailles. A la suite de cette opération , il s'aveugle souvent et se croit heureux parce
qu'il a obtenu six à huit livres de feuilles d'un
arbre de six à sept ans. Il va plus loin : il
suppose qu'il deviendra plus productif ; mais
qu'une décrépitude prématurée vienne détruire
ses espérances , il s'en prend aux sécheresses ,
à la basse température , et finit par conclure que
le pays ne convient pas à la culture de cet arbre.

Eh bien ! j'affirme que le Mûrier prospérera
partout où il sera planté avec soin , et quand on
aura pratiqué une taille convenable à sa nature.
Je me charge avec garantie de toutes les plantations qui me seront confiées , faites à ces conditions. Tout sol et toute exposition conviennent
au Mûrier , excepté les marais et les terrains
tourbeux.

Il se trouve bien dans les terres fraîches sans

être humides, profondes, légères, crayeuses, argileuses et calcaires. Il est à propos, par exemple, dans les terres argileuses, de faire, six mois d'avance, des creux de deux mètres carrés et d'un mètre de profondeur, et d'étendre la terre d'une manière égale, afin que l'air et les météores puissent, en la pénétrant suffisamment, la pulvériser et la rendre végétale. Au moment de la plantation, on doit préalablement remettre cette terre au fond du creux : l'arbre ne doit être enterré qu'à deux pouces plus profond qu'il ne l'était en pépinière. On ajoutera quelques corbeilles de terre d'alluvion, ou de terreau végétal qui aura été entassé au moins depuis un an. La plantation, exécutée de la sorte, est assurée d'un plein succès.

En est-il de même de tous les arbres? beaucoup ne se refusent-ils pas entièrement à un mauvais terrain ?

Le Mûrier, au contraire, dans quelque condition qu'on le prenne, supporte un sol très médiocre et s'accoutume à la sécheresse, pourvu qu'il reçoive à temps les labours nécessaires à la destruction des mauvaises herbes. Si, dans de vastes plantations où le terrain peut être varié, on rencontre des terres blanches, des tufs et de l'oxyde de fer, il convient d'ouvrir des fosses de trois mètres de largeur et de sept décimètres environ de profondeur, afin de pouvoir rapporter quelques terres d'une meilleure nature et favoriser la reprise des arbres. On ne doit pas oublier que la racine du Mûrier, une fois planté, ne pivote jamais, qu'elle rampe superficiellement; ce qui rend sa culture si facile, et ce qui fait qu'il s'accommode de toute sorte de terres. Il est bon, quand on le peut, en plantant les Mûriers, d'employer, de préférence à tous les fumiers possibles, le genêt, le buis et les branches du genévrier: dans les terrains forts et argileux, ce genre d'engrais peut être utilisé avec succès.

Je garantis que des plantations de six à huit ans, préparées ainsi, peuvent atteindre une circonférence de neuf à dix mètres de développement, lorsquelles ont reçu une bonne direction par la taille, une culture convenablement raisonnée et faite à propos.

Je suis persuadé, en outre, que le Mûrier bien conduit peut rivaliser en produit avec toutes les autres productions, soit vignicoles, soit céréales, même dans le département du Rhône, quoique la main-d'œuvre y soit fort élevée et les ouvriers généralement recherchés.

Je ne pense pas comme ceux qui prétendent qu'il faut détruire pour rétablir. Je ne conseillerais pas la destruction d'une bonne luzernière, d'une bonne vigne ou d'un bon champ à froment ; mais je conseillerais de planter des Mûriers dans une terre fatiguée de toute autre culture ; de border toutes les propriétés soit en haies de Mûriers, soit en Mûriers à hautes tiges, convenablement espacés.

C'est dans la multiplicité des produits que l'agriculteur intelligent doit chercher son aisance. A-t-il de grands fossés d'écoulement ? qu'il les borde de Mûriers ; en peu d'années, ces arbres feront de belles avenues propres à augmenter les agréments de sa propriété en même temps que ses produits.

A-t-il des pentes où la culture ne peut se faire que difficilement, quelquefois même sans succès, à cause des difficultés qu'elles présentent pour la manœuvre du bétail et par la dégradation produite par les averses ? qu'il plante dans ces parcelles de terrain des Mûriers à demi-tiges ou en taillis ; qu'il le fasse successivement et peu à peu : de cette manière il augmentera ses revenus, sans dépenses relatives, et allégera même ses travaux. Il aura donc acquis, j'ose le dire, des produits considérables, là où auparavant il ne trouvait qu'une stérilité désespérante.

La culture du Mûrier est non-seulement la moins dispendieuse, mais encore elle se trouve avoir lieu à une époque où le plus souvent les travaux des domaines sont terminés, elle vient en quelque sorte compléter ces travaux : au lieu de les gêner : de manière que le propriétaire qui a un certain nombre de domestiques et de manœuvres attitrés, peut les utiliser en procédant à des plantations sur les terrains vastes et infertiles qui font quelquefois partie de ses propriétés.

Dans le département de l'Ain, par exemple, où des surfaces immenses de terrain sont encore en friche et en pâturages, ce système peut être employé fort à propos; cela viendrait ajouter aux nombreux avantages que ce pays a obtenus depuis quelques années en céréales, par l'exemple de riches propriétaires qui ont adopté comme engrais le système du chaulage.

Il faut espérer que ces cultivateurs distingués n'hésiteront pas à adopter aussi la culture du Mûrier, et l'on est certain que, de leur part, ce ne sera pas une spéculation égoïste, que l'intérêt particulier seul ne les guidera pas. En poussant de plus en plus au progrès, ils auront en vue le bonheur du pays et particulièrement celui des familles malheureuses qui les entourent. Leurs propriétés, auxquelles ils ont ajouté une valeur de cent pour cent, n'en deviendront que plus riches, au moyen des plantations de Mûriers; et tout ce qui vit par le travail, dans les environs, pourra être occupé et se procurer une aisance. J'ai visité la Bresse, et, sauf quelques propriétaires qui ont eu la bonne idée et les moyens d'améliorer leurs propriétés pour modifier la race de leur bétail, j'ai vu partout les bêtes à cornes d'une espèce très médiocre et d'une petitesse extraordinaire. A quoi cela tient-il? aux mauvais soins et à la mauvaise nourriture; et les mauvais soins et la mauvaise nourriture, à quoi les faut-il attribuer? au défaut d'industrie et de bons exemples. Dans ce pays, les bêtes à cornes sont souvent même privées de paille de seigle pendant l'hiver.

Avec de bonnes plantations de Mûriers, on obtiendrait une condition différente pour ces animaux; car le produit qui en résulte, supérieur à celui des céréales, emporté en partie par les ouvriers qui en font l'exploitation, laisserait, par la récolte abondante et supplémentaire des feuilles, un excédant nécessaire pour nourrir les animaux. A la fin d'octobre, alors que la feuille commence à jaunir, on peut la ramasser et la mêler avec de la paille, à laquelle elle communique une saveur succulente. Elle est d'une grande ressource, soit pour la nourriture des chevaux, des mulets et des vaches, pendant l'hiver où les travaux sont suspendus, soit qu'on la réserve pour l'hivernage des troupeaux et des bœufs qu'on engraisse ; dans ce dernier cas, il faut faire sécher la feuille dans des lieux aérés, afin de la convertir en nourriture : les porcs en sont très friands. En suivant cette méthode simple et utile, on aura nécessairement des résultats avantageux ; les animaux se porteront mieux, deviendront plus gros et se modifieront dans leur nature.

On peut semer sous les Mûriers à plein vent, en suivant une rotation quatriennale : 1° du chou colza ; 2° fumer après le colza, et semer des pommes de terre ; 3° des betteraves champêtres ; 4° du maïs ; 5° enfin, de la vesce pour être enterrée comme engrais.

Toutes ces cultures sont en rapport, par leur époque, avec celle du Mûrier ; leurs produits communs, d'un grand avantage pour les engrais des troupeaux et des bœufs , peuvent remplacer parfaitement les immenses pâturages supprimés par les dépècements des biens. Cette innovation serait salutaire au pays , non-seulement à cause des bénéfices qui sont quelquefois considérables, mais encore par rapport au fumier qui en revient.

La taille du Mûrier fournit du bois pour alimenter la maison du fermier : les taillis recépés tous les quatre ou cinq ans donneront , outre le menu bois, une quantité de très belles tiges qui pourront faire de très bons échalas pour la vigne. On pourra utiliser les litières des vers à soie, en les criblant après les avoir fait sécher, et en les donnant, en guise d'avoine, aux chevaux , aux mulets et même aux bœufs qui sont à l'engrais.

Après avoir fait sécher également les crottes , on peut les destiner avec avantage à l'engrais des porcs. On les vend, en Provence, de 6 francs à 6 francs 50 cent. les 50 kilogr. Ces avantages, quelque faibles qu'ils paraissent , sont plus réels qu'on ne pense : les principaux produits des vers à soie, dans les pays qui les élèvent, sont obtenus avec tant de dépenses, que très souvent le revenu net resté entre les mains du propriétaire est très peu de chose.

Les petits produits, les produits secondaires, n'étant pas comptés, restent tout entiers aux fermiers, et c'est à cela qu'ils doivent tout leur ensemble. Pourquoi les propriétaires les dédaigneraient-ils, surtout s'ils étaient eux-mêmes leurs fermiers ?

IDÉE GÉNÉRALE SUR LE MOUVEMENT DE LA SÈVE.

Avant de démontrer à l'agriculteur combien le mode de taille adopté dans le Languedoc est vicieux et contraire aux intérêts du pays, nous examinerons s'il n'est pas opposé aux lois les plus communes de la végétation.

Je n'ai pas la prétention d'élever un nouveau système de physiologie végétale ; je prétends seulement, en adoptant les idées les plus généralement reçues, en simplifier l'expression au point de les rendre familières au dernier de nos paysans. L'agriculteur le plus simple a toujours quelque idée des inconvénients qui peuvent être causés par une taille intempestive et contrariant la sève : il connaît le temps de son repos ; il sait que l'action du soleil produit son mouvement d'ascension, et que la nuit elle retombe dans un état d'immobilité; mais, de ces notions confuses, il ne résulte pour lui aucune conséquence pratique. Il taille quand le temps le lui permet; il couronne un arbre, sans s'embarrasser si une telle opération n'exige pas une époque particulière, et il raccourcit les beaux rameaux sans se douter un instant qu'ils peuvent être nécessaires à la circulation de la sève, principe fondamental de la vitalité.

Des expériences longtemps et constamment répétées m'ont convaincu que la taille des jeunes Mûriers ne peut être avantageuse que lorsqu'elle est faite dans le mois de mars, au moment du départ de la sève. Cette taille doit être répétée pendant quatre ans à la même époque, avec le soin d'étendre les branches de huit à dix pouces de longueur. La cinquième année de la plantation, il faut diviser ces plantations par tiers, et faire subir au tiers la taille au mois de mars; il faut ébourgeonner soigneusement au mois de mai, afin d'utiliser les nouveaux bourgeons que l'on extrait, pour la nourriture des vers à soie. On peut ramasser la feuille des deux autres parties, et, après l'opération, les suivre attentivement, afin d'enlever les petites branches qui auraient été fracassées en cueillant la feuille.

En suivant cette rotation de taille par tiers, d'année en année, on obtiendra une quantité considérable de feuilles, et l'on sera certain d'élever des arbres robustes et de longue durée. Si, au contraire, on pratique la taille en été, comme cela a lieu dans le Midi, où l'on obtient de tristes résultats malgré les faveurs d'un climat et d'une température admirables, que devrons-nous espérer, nous qui, sous ce double rapport, nous trouvons dans des conditions tout-à-fait contraires? En effet, si nous adoptons ce mauvais principe, nous devons nous attendre aux conséquences les plus fâcheuses.

En opérant la taille en été, nous devons redouter la mort de tous nos arbres, parce qu'après cette opération la sève, avant de prendre son mouvement, reste au moins huit jours immobile; il ne lui reste donc plus qu'un parcours de trois mois et demi, après quoi les gelées arrivent, surprennent les jeunes tiges noyées dans leur sève, et les détruisent complétement. La taille, étant indispensable, ne peut donc être exécutée que de la manière indiquée ci-dessus. L'observateur superficiel pourrait cependant être satisfait en parcourant le Midi, car on y voit une belle verdure et une magnifique végétation;

ce qui pourrait lui faire supposer que là, par-dessus tout, on pratique les bons principes de culture. Mais qu'il considère attentivement et avec scrupule le spectacle ravissant qu'il a sous les yeux, il s'apercevra bientôt que les arbres doivent éprouver une vieillesse anticipée et para-lytique, et cela en observant que, sous les ra-meaux qui les décorent, les troncs sont morts par le fait d'une taille imprudente.

J'ai recueilli, dans le département de l'Ardè-che, des notes assez intéressantes auprès de quel-ques hommes qui, sans être savants, observaient très bien la nature du Mûrier. Ils m'ont avoué que, depuis qu'on y pratique la taille en été, les arbres n'y vieillissent plus comme autrefois. A Aubenas, par exemple, où les Mûriers ont fait la fortune du pays, on n'en trouve qu'un très petit nombre de plus que centenaires, et c'est ce qui reste peut-être des plantations exécutées sous Colbert!

Il est vrai que les plantations qui les rempla-cent, et dont l'âge est à peu près de soixante à quatre-vingts ans, avec leur croissance caverneuse et leur manteau de mousse, vivront encore long-temps, par les raisons que j'indique; mais don-neront-ils à leurs propriétaires les quatre à cinq

quintaux de feuilles qu'on recueillait autrefois,
et qu'on recueille encore dans certaines localités
du Midi, sur de vieux Mûriers dont la serpette
et la scie n'ont point tourmenté la sève en été?

L'état des plantations de dix à quinze ans est
encore moins prospère et moins riche d'avenir;
et dans ces climats privilégiés, où le ciel et la
terre caressent également le Mûrier et paraissent
vouloir à l'envi lui préparer une existence longue
et brillante, les enfants voient pourtant dépérir
les arbres plantés par leurs pères! Mais c'est
bien autre chose sous notre température, qui
amène des gelées précoces! Quand les rigueurs
et la durée du froid auront détruit les jeunes
pousses, quelle cause aidera à ouvrir un passage
à la sève, puisque les pores seront fermés par
les plaies et les chancres occasionnés par la
gelée, indépendamment de la taille réitérée qui,
ayant provoqué des engorgements de sève en été,
aura déjà préparé l'arbre à recevoir sa sentence
de mort? Je vais donc m'efforcer, autant que
l'utilité l'exige, de me rapprocher des procédés
mêmes de la nature.

Dans une taille raisonnée, laissons autant que
possible la sève parcourir librement sa route,
pendant l'été, depuis les racines jusqu'aux plus

hautes branches ; et , par cette circulation continuelle et facile , donnons-lui le moyen de répandre, non pas avec fougue et déchaînement ,
mais avec modération , les sucs nécessaires à
toutes les branches , ces sucs précieux , ces sucs
nourriciers qu'elles tirent de la terre, pendant le
jour , par les racines , et de l'atmosphère , pendant la nuit , par les feuilles ; et cela de manière
à fortifier et bien aoûter les jeunes pousses , et
à communiquer en même temps aux anciennes
branches une vigueur nouvelle.

On peut appliquer ce principe à tous les arbres
en général ; mais je me borne seulement aux
Mûriers, qui seuls doivent faire la richesse des
campagnes éloignées des grandes villes.

Par mon raisonnement simple et facile sur la
circulation de la sève , le campagnard pourra
facilement mettre en application la théorie que
je lui expose , parce que je ne dis rien qui ne
soit à la portée de son intelligence , me trouvant
sous ce rapport sans aucun point de comparaison
avec une infinité d'auteurs dont les ouvrages, par
leurs théories abstraites et erronées , ne laissent
au lecteur que le choix de s'endormir à la lec-
ture, ou de se meurtrir le front contre des rai-
sonnements inintelligibles et d'une application
impraticable.

DES AVANTAGES DE LA TAILLE, ET DE SES INCONVÉNIENTS.

Si je n'écrivais que pour un pays comme le nôtre, où la culture du Mûrier est peu connue ou tout au moins fort en retard, mon ouvrage ne retracerait simplement que ce que l'expérience m'a appris; mais, fait pour éclairer indistinctement tous les départements de la France, et notamment ceux du Nord, où la question n'est presque pas comprise, je dois m'étendre jusqu'aux dernières limites du sujet que je traite, afin que tout ce qui sera intéressé à me suivre dans le vaste champ de la science, puisse y recueillir quelques fruits utiles.

Je citerai, par exemple, qu'en 1818, époque à laquelle je suis arrivé à Brignais, j'ai observé, dans un domaine appartenant à M. Rivière et antérieurement à M. Girardon, une certaine quantité de très vieux et très beaux Mûriers, quoiqu'ils fussent restés, depuis la révolution de 1789, entre les mains de grangers dont les soins s'étaient bornés à en retirer le produit : ces arbres étaient d'une vigueur parfaite. J'ai vu, depuis lors, la main meurtrière de l'ouvrier sans intelligence, couronner ces arbres après la cueillette de la feuille. Cette opération, à ma connaissance, s'est faite trois fois à la même époque; aussi ne reste-t-il plus aujourd'hui que quelques lambeaux de ces arbres séculaires, tandis qu'avec les soins éclairés d'une bonne culture, ils seraient probablement encore l'ornement de la contrée. Quoique je regarde la taille annuelle comme désastreuse pour le Mûrier, je ne suis cependant pas de l'opinion de certaines gens qui pensent que la feuille vigoureuse est peu soyeuse et nuisible aux vers à soie : je proteste contre cette idée.

En 1837, je fis éclore une demi-once d'œufs : les vers à soie, dès leur naissance, furent nourris avec les petits bourgeons des jeunes Mûriers, jusqu'à leur quatrième maladie; dès le moment de la grosse brife, ils n'eurent pour nourriture que de la feuille de trois ans de greffe, que je fis couper aux ciseaux, sur l'arbre, afin de ne pas endommager les sujets. Je puis donc comparer cette feuille à celle du Mûrier taillé d'un an. Eh bien! j'obtins un résultat qui dépassa mes espérances, le produit en cocons ayant été de 27 kilog. et de première qualité.

Il n'y a guère que trente à trente-cinq ans que le mode de taille annuelle est en usage dans le Midi.

J'ai fait des questions aux hommes les plus anciens que j'ai rencontrés soit dans le Vivarais, soit dans la Drôme, soit dans le Languedoc, soit enfin dans la Provence et le bas Dauphiné : tous m'ont répondu que, de leur temps, on ne taillait que de trois à quatre ans.

Nous examinerons d'abord les désavantages que présente la taille des jeunes Mûriers en été, nous étant particulièrement occupé de cette question, et nous dirons ensuite quelques mots sur les vieux.

Le premier et le plus grand inconvénient de la taille que l'on fait subir aux jeunes Mûriers pendant l'été, est l'arrêt de leur accroissement, ou leur dépérissement sensible. Le propriétaire, avec le même travail et les mêmes dépenses, n'obtiendra guère avant douze à quinze ans les résultats qu'il eût certainement obtenus après sept à huit ans, s'il eût fait l'opération dans le mois de mars. En effet, ceux-ci seront toujours vigoureux et d'une bonne venue, tandis que les premiers seront inévitablement souffrants et couverts de chancres : cette peste est sans remède.

Les jeunes arbres taillés en été sur deux à trois yeux sont obligés de recommencer leurs branches : ils ne peuvent se former en tête , parce que les rameaux du jeune arbre destinés par la nature à former ses principales branches , se trouvant raccourcis et inutilisés au moment le plus actif de la sève , doivent être nécessairement arrêtés dans leur développement. De là il résulte , par suite de taille intempestive , que l'arbre est en quelque sorte mort-né , et que ses branches , dépourvues de nerfs , ne présentent aucune sécurité à ceux qui sont chargés de cueillir la feuille ; et de là aussi , par conséquent , les chutes nombreuses et déplorables dont on se plaint chaque année.

Mais que , conformément à la bonne méthode , l'opération se fasse dans le mois de mars , alors les conséquences seront tout-à-fait différentes.

La circulation de la sève , ayant lieu graduellement et sans obstacle , se portera dans toutes les parties de l'arbre , et , jusqu'aux dernières extrémités de ses branches , les feuilles seront belles et abondantes ; il prendra un développement et une vigueur tels que tous les habitants du village , s'il était possible , pourraient impunément et sans danger y faire la cueillette.

Le Mûrier est incontestablement moins cassant que les arbres fruitiers, et j'ose affirmer qu'étant bien traité, il peut le disputer au chêne en force et en durée.

Il est donc tout-à-fait injuste, de la part de ceux qui ne savent pas l'apprécier, de mettre sur son compte les accidents qui arrivent à ceux qui en cueillent les feuilles.

Nous avons dit que la taille en été retarde l'accroissement de l'arbre; nous ajouterons que ces plaies sans cesse renouvelées, ces chancres qui en sont la suite, cette taille presque horizontale pratiquée dans le Midi, et dans un temps inopportun, sous le prétexte de ramasser la feuille avec facilité, tout cela doit amener une caducité prématurée; et la preuve de ce que j'avance se trouve dans le Languedoc, où ce système vicieux de taille est en usage. Il est donc aussi pressant qu'indispensable de substituer à ce mode déplorable un mode qui laisse à l'arbre si précieux la liberté de profiter de l'abondance de sève dont il a besoin plus que tout autre, pour rétablir ses pertes, toujours en raison de son utilité, si grandement mise à profit. Ce procédé judicieux lui formera promptement une tête pourvue de branches saines respectées par la serpatte.

Alors il rendra de bonne heure, avec usure, le prix des dépenses qu'il aura occasionnées; et ainsi préparé par la bonne disposition de ses mères-branches, il accomplira enfin une longue carrière, a la suite d'une végétation vigoureuse et constamment productive.

Quant à la taille des vieux Mûriers, la méthode suivie dans presque tout le Midi a l'inévitable désavantage de priver le propriétaire de son revenu; et cependant cette opération n'a pour motif que la prétention d'obtenir la plus grande quantité de feuilles possible, de rendre la cueillette plus facile, moins dangereuse, et de prolonger surtout la durée de l'arbre.—Mais on ne sait pas, parce qu'on n'a pas cherché à se pénétrer de cette vérité, *que toute taille faite en été est contraire à la durée des arbres*, parce qu'elle a des principes subversifs de la nature végétale.

C'est à l'entretien et à la conservation de ces arbres, une fois venus, que l'agriculteur devra ses bénéfices et la possibilité de se livrer à de nouvelles plantations toujours fructueuses.

Il coûte moins de conserver ce qui est bien établi, que de courir les chances d'une création nouvelle; mais il ne faut pas reculer devant une suite de dépenses nécessaires, lorsqu'elles peuvent rapporter des avantages immenses.

Si l'on ne peut confier ses arbres à des ouvriers habiles et intelligents, il vaut mieux n'en planter que cinq cents auxquels on donnera tous les soins, que mille livrés à des domestiques qui n'auraient aucune notion de cette importante culture.

Vingt-trois années d'expérience m'ont convaincu que la taille de mars et au départ de la sève, est indispensable ; elle est de toute nécessité aux jeunes plantations, de même qu'aux vieux arbres.

Je fais observer que les vieux arbres, pour leur conservation et leur durée, ne doivent pas être ravalés, ainsi que je l'ai vu pratiquer jusqu'à présent ; il n'y a que les branches mortes qui doivent l'être jusqu'au tronc ou jusqu'aux mères-branches.

Les branches secondaires ne doivent être coupées que d'un à trois pieds de distance des mères-branches, selon la grosseur de l'arbre. Les brindilles et les lambourdes doivent être parfaitement enlevées, afin qu'elles n'absorbent pas une partie de la sève, ce qui nuirait au développement des nouvelles branches qui doivent en profiter. Je ne partage pas l'opinion de ceux qui pensent qu'il est avantageux de supprimer la taille du Mûrier, ainsi que de beaucoup d'autres arbres, au moyen d'un élagage très léger. Je proteste contre cette idée ; mais n'écrivant que pour le Mûrier, je renfermerai ma réfutation dans ce sujet.

Le Mûrier ne peut se passer de taille, il est facile de s'en convaincre à l'aspect des cassures et des torsures dont il est saturé lorsqu'il est récemment dépouillé de ses feuilles.

Mais à cette époque, je le répète, c'est un très grand vice de le tailler. On doit donc s'en tenir à une revue, pour enlever délicatement les branches cassées et tordues qui nuisent à la végétation ; et pour parer avec succès à cet inconvénient, il faut avoir un onguent préparé avec de la terre glaise, de la poussière de foin très fine et de la fiente de vache : on en couvre les plaies de l'arbre, qui ne sont autre chose pour la sève que ce que sont les veines ouvertes pour le corps humain. Cette opération doit être soigneusement exécutée après la cueillette des feuilles.

Je citerai quelques notes que j'ai obtenues de certains observateurs qui, frappés des inconvénients de la taille pratiquée dans le Midi, et persuadés avec raison qu'elle est la cause du dépérissement du Mûrier, m'ont fait part de leurs doléances.

Il est certain que cet arbre, non taillé et non ramassé, présenterait un aspect tout autre s'il n'était pas soumis à cette mesure d'intérêt; sans aucun doute, il pourrait être classé parmi les arbres forestiers, tels que le marronnier, le platane et l'ormeau.

Sa vigueur le mettrait dans le cas de remplir un beau rôle sur la scène de la nature, soit par ses proportions, soit par la beauté de ses feuilles, soit par son air de propreté. Néanmoins, je soutiens que la taille au mois de mars ne dérange rien à ces conditions; tandis qu'en suivant la méthode du Midi, elle ne fait simplement que produire une vigueur factice, et à l'âge où il devrait payer le cultivateur des peines et des frais qu'il a coûtés, il manifeste déjà des symptômes de décrépitude.

La taille de juin et de toute autre époque que celle de mars doit être absolument rejetée.

Il est facile, au surplus, de se convaincre que la taille faite en juin est nuisible.

La soustraction des feuilles contraint nécessairement la sève à refluer dans le corps de l'arbre, dans les racines et dans les branches: il est urgent qu'elle s'y introduise, pour éviter les chancres que l'arbre repousse au plus vite.

La taille ne produit que des effets contre nature ; car, en enlevant à l'arbre une grande quantité de branches de toutes grosseurs, la sève
devient surabondante pour celles qui restent :
alors la circulation devenant irrégulière et gênée,
et ne pouvant plus absorber les sucs nourriciers,
produit une quantité de jets verticaux, serrés à
larges feuilles , et d'une verdure admirable.

Le cultivateur ignorant, abusé par cet effet
apparent, se persuade que la taille est nécessaire après la cueillette , d'autant plus que les
arbres qui n'ont point été soumis à cette pratique ne lui offrent pas un aspect aussi florissant.
Mais il ne fait pas attention au mal caché, au mal
à venir ; il n'aperçoit pas l'hiver qui, tôt ou tard,
doit appesantir sa main de glace sur ces arbres
orgueilleux , et leur faire payer cher des airs de
prospérité apparente. Pour se convaincre du re-
foulement de la sève par la taille de juin , on
n'a simplement qu'à tailler un arbre et examiner
le tronc ; on verra une infinité de gouttières de
sève dont les principes corrosifs pourrissent la
partie ligneuse , et forment des cavités énormes
dont la plupart des arbres ainsi taillés nous offrent
le spectacle.

Je ne cesserai également de m'élever contre

cette taille absurde et contre nature , qui consiste à aplatir le sommet de l'arbre ou à niveler les branches , de manière à lui donner la forme d'une table ronde.

Il prend , je conçois , une tournure agréable, et l'œil se repose avec plaisir sur cet effet symétrique ; mais tous les arbres en général ayant une conformation pyramidale et arrondie que leur imprime la nature, on ne peut impunément, et sans conséquences fâcheuses , déranger ce principe de développement.

Ainsi , tous ceux que l'on soumet à cet absurde nivellement doivent languir et travailler beaucoup avant de retrouver la forme sphérique à laquelle la nature les a prédisposés.

J'ai cru devoir m'arrêter un instant sur ces observations générales qui servent de base à la méthode que je prétends exposer.

Cette méthode, présentée isolément et sans le secours du raisonnement , n'obtiendrait peut-être pas beaucoup de confiance ; ce ne serait qu'une opinion de plus à ajouter à celles émises en grand nombre sur cette matière. J'ai donc été obligé de m'appuyer sur des faits incontestables, parce qu'ils sont le résultat d'une longue expérience.

Si , cependant , il restait encore quelques doutes dans les esprits , si le public n'admettait qu'avec réserve les lumières que je cherche à répandre sur cette question , qu'il se donne la peine , s'il lui est possible , de venir à Brignais voir une vaste plantation nouvelle à laquelle je donne mes soins. Là , j'ose le dire, je le mettrai dans l'impossibilité de reculer devant l'évidence : il palpera la vérité.

Quant à ceux qui ne pourraient ou ne voudraient pas me procurer l'avantage de les voir , je les engage, s'ils sont désireux d'approfondir l'objet, à faire une petite expérience dans leurs propriétés ; je leur offrirai de bon cœur les Mûriers nécessaires, à la seule condition qu'ils voudront bien m'en faire connaître les résultats. Je sens vivement le désir d'être utile à mon pays , c'est pourquoi je fais tous mes efforts pour propager la culture du Mùrier.

Je ne prétends pas m'assimiler à l'illustre Parmentier; mais , ainsi que lui, j'ai la conscience du bien que je veux faire et des trésors que renferme cette nouvelle culture : heureux si je puis obtenir, pour prix de mes longs et constants travaux, l'estime et la confiance de mes concitoyens !

DE LA PLANTATION DES JEUNES MURIERS EN PLACE.

Quoique j'écrive spécialement pour la taille, je sens la nécessité de dire quelques mots sur la manière de planter.

Il serait difficile, en effet, d'obtenir des résultats heureux si les arbres étaient mal plantés, et la meilleure taille ne saurait remédier aux inconvénients de cette première faute.

Bien convaincu de l'importance de ce point, j'ai l'honneur d'annoncer à ceux qui auraient l'intention de m'accorder leur confiance pour la conduite des nouvelles plantations, que je n'accepterais cette tâche qu'autant qu'elles n'auraient point passé par d'autres mains, et j'invite chaque propriétaire à ne pas faire une plantation de ce genre sans qu'elle soit présidée par lui-même.

Un préjugé généralement reçu, c'est qu'il faut planter profondément les arbres, afin de les soustraire à l'action de la sécheresse : cette opinion erronée est aussi partagée par des écrivains sans expérience et par de prétendus agronomes distingués.

La sécheresse se fait bien plus longtemps sentir à sept ou huit décimètres de profondeur qu'à quinze ou seize centimètres, où les premières pluies, si légères qu'elles soient, peuvent pénétrer, atteindre les racines et leur communiquer la vigueur nécessaire, pourvu qu'on ait soin de les tenir sarclées et binées convenablement.

De cette manière, les mauvaises herbes n'absorbent ni la fraîcheur, ni les sucs nourriciers de la terre.

Il en est de même pour les terres fortes et argileuses, qui n'ont le plus souvent que cinq à six pouces de superficie végétale.

Si l'arbre est planté plus profondément, on conçoit que les racines y resteront concentrées comme dans un vase, et il périra indubitablement.

Il convient donc de planter le Mûrier de manière à ce que les racines puissent prendre leur point de départ entre la terre végétale et la terre affaissée, puisque, cette première couche recevant le labourage, les engrais et les météores qui la fécondent procurent une bonne végétation à tout ce qui lui est confié.

Pour avoir une certitude complète de ce que j'avance, on n'a qu'à arracher un arbre de dix ans après sa plantation; on trouvera la racine, depuis le collet jusqu'à l'extrémité, dans le même état où elle était la première année.

Qu'on reporte ensuite ses regards vers les forêts; on y verra des glands, des châtaignes et des frênes qui ont germé sous les feuilles et sous la mousse, sans le secours de l'homme.

Les arbres d'une stature colossale sont si peu enfoncés dans la terre, que des racines longues de plusieurs mètres se montrent très souvent à la surface.

J'ai vu des Mûriers, portant quatre à cinq quintaux de feuilles, présenter aussi, à la surface, des racines d'un mètre de circonférence, et qui avaient grossi progressivement avec le corps de l'arbre.

Je ne parlerai point ici des dimensions qui conviennent aux fosses et aux creux pour la plantation; cela est indiqué au chapitre premier. Il faut avoir soin de rafraîchir les racines qui auraient pu être endommagées soit en arrachant l'arbre, soit par la pression de l'emballage.

Cette opération ne doit être faite qu'avec une serpette bien tranchante; il faut aussi se garder d'employer le sécateur, qui, presque toujours, froisse le bois de quatre millimètres au moins.

Si cette opération a lieu au moment où le mouvement de la sève se manifeste, la fonction du sécateur fait écailler l'écorce et produit un chancre aux racines, ce qui tend à la perte de l'arbre.

Il faut autant que possible, pour faciliter la reprise, garnir les racines de terre bien meuble.

L'époque la plus favorable pour les plantations, dans le département du Rhône, est à la fin d'octobre, aussitôt que les arbres perdent leurs feuilles, à cause des grandes sécheresses. Le département de l'Ain a des contrées où cette époque convient; mais la majeure partie peut prolonger ses plantations avec avantage jusqu'au 20 avril, en ayant soin que les creux ou fosses ne soient faits qu'au fur et à mesure, de crainte que, pratiqués d'avance, ils ne se remplissent de l'eau retenue par l'argile, ce qui occasionnerait de grands frais pour l'extraire.

Une plantation faite dans un mélange de terre et d'eau, se trouverait dans un ciment très pernicieux.

Si l'on se trouvait dans le cas de faire des plantations en automne, dans des terrains argileux, il faudrait, après avoir planté, amonceler la terre au pied de l'arbre, en forme pyramidale, afin d'empêcher l'eau d'y séjourner pendant l'hiver.

Avec cette précaution, la plantation de novembre sera toujours préférable à celle du printemps. On ne doit jamais arrêter l'arbre avant l'hiver; il faut attendre le départ de la sève pour ravaler à trois pouces de longueur les branches sur lesquelles il a été dressé en pépinière.

DES SOINS A DONNER AUX MURIERS.

Première année de plantation.

Il faut ébourgeonner le jeune Mûrier tout le long de la tige, et ne lui laisser pousser que trois ou quatre branches pour former sa tête.

Si, comme cela arrive souvent, une branche prend sur les autres une supériorité trop sensible, il faut la supprimer, ou la ravaler simplement, si la suppression devait rendre l'arbre difforme.

Cette mesure est très nécessaire, car différemment cette branche finirait par absorber la sève des plus faibles; ce qui nuirait au développement de la végétation.

Plus les nouvelles plantations recevront de culture, plus elles prospéreront. Néanmoins il faut éviter, autant que possible, de leur donner des labours la veille d'une pluie; le temps le plus convenable est le lendemain.

Si quelques beaux jours succèdent à l'opération, elle ne doit être faite qu'à un ou deux pouces de profondeur, avec un râcloir ou une houe à deux ou trois dents, appelée vulgairement *bigue* ou *bigare*, selon la qualité du terrain. Il faut émietter la terre avec soin, afin de resserrer ses pores; ce qui fait que l'air et le soleil l'échauffent sans la pénétrer trop avant, et maintiennent à ses racines la fraîcheur nécessaire.

Deuxième année.

La deuxième année de plantation, on s'occupera, dès le commencement de mars, à tailler les jeunes Mûriers; on enlèvera d'abord les chicots morts, et on recouvrira les plaies avec l'onguent dont il a été question au chapitre qui traite de la cueillette des feuilles.

On taillera les jeunes rameaux de six à huit pouces de longueur, c'est-à-dire de quatre à cinq yeux, selon la vigueur de l'arbre; la tête doit être formée par trois ou quatre branches au plus, en observant de tailler de manière que l'œil de l'extrémité se trouve placé du côté où la mère-branche doit prendre sa direction, afin d'établir un parfait équilibre à la sève.

Au mois de mai, il faut avoir soin de bien ébourgeonner à la serpette ; car, si on opère sans cet instrument, on ouvre à la sève un passage très nuisible à l'arbre.

Il ne faut laisser absolument que les branches qui doivent former l'arbre, à moins que l'on ne se trouve dans une localité où les vents font du ravage.

Dans ce cas, il faut laisser autant de branches supplémentaires que de mères-branches, afin de prévenir le mal.

Troisième année.

Si l'ébourgeonnement n'a pas été fait, on choisira les trois ou quatre rameaux qui présentent le plus d'équilibre, et on enlèvera tous les autres avec une bonne serpette.

Au mois d'avril et au mois de mai, même ébourgeonnage que ci-devant. Les bourgeons peuvent être utilisés avec avantage pour la nourriture des vers à soie, et l'opération sera compensée par ce produit.

Quatrième année.

On continuera de tailler en mars de la même manière que les années précédentes, ayant soin d'augmenter les mères-branches de quatre à cinq yeux, c'est-à-dire de huit à dix pouces de longueur. Même ébourgeonnage en mai.

Cinquième année.

Les jeunes Mûriers qui sont arrivés à un tel état de progression, qu'ils sont près de rendre largement au propriétaire le bénéfice des soins qu'ils en ont reçus ; les arbres ainsi conduits peuvent donner, dès la première récolte, de quarante à cinquante livres de feuilles.

C'est alors que l'on doit commencer la division de la taille. Au mois de mars il faut en tailler un tiers, ainsi que je l'ai dit plus haut, et continuer l'ébourgeonnement.

On pourra cueillir la feuille des deux autres

parties, en observant scrupuleusement que ces jeunes Mûriers, avec leur écorce tendre, lisse et pleine de sève, ne pouvant supporter encore l'échelle, exigent l'emploi d'une double échelle qui se soutienne elle-même sans toucher l'arbre. Dès que la cueillette est faite, on doit suivre les jeunes Mûriers, afin d'enlever les nouvelles branches qui pourraient être endommagées, ainsi que je l'ai indiqué au chapitre de la taille.

DE LA CULTURE DES MURIERS, ET DE LA DISTANCE QU'ILS DOIVENT AVOIR ENTRE EUX.

Quoique le Mûrier soit un des arbres les plus robustes, et qu'il s'accommode facilement de toutes sortes de terrains et d'expositions, résistant même aux conséquences d'une plantation vicieuse et d'une taille qui pourrait détruire complétement la végétation d'un arbre moins vigoureux, il ne saurait survivre néanmoins à la négligence et à l'abandon de l'homme : c'est une vérité incontestable.

On citera peut-être quelques vieux arbres abandonnés sur le bord des terres, mais on ne fait pas attention que ces arbres profitent de la culture annuelle de ces terres.

Les racines du Mûrier s'étendent fort loin , et vont chercher quelquefois à une grande distance les sucs qui leur sont nécessaires. Si l'on m'allègue comme objection l'exemple des Mûriers de soixante-dix à quatre-vingts ans, qui ne produisent que trente à quarante livres de feuilles, mon argument n'est nullement détruit , par les raisons que j'ai données ailleurs.

On doit toujours l'éloigner des prairies artificielles d'un décimètre au moins , ce qui ne peut causer aucun inconvénient au cultivateur intelligent qui sait varier ses récoltes avec avantage. Les parcelles de terrain occupées par les Mûriers peuvent être cultivées en plantes sarclées, telles que betteraves champêtres, pommes de terre, carottes blanches à collet vert, vulgairement dites carottes à cheval. Il doit exister un espace d'un mètre de chaque côté de l'arbre, sur toute l'étendue de la ligne , sans aucune récolte.

Cette surface sera soigneusement binée aux mêmes époques que les plantes sarclées ses voisines.

Les plantations de Mûriers dans les prés et les vergers ne donneront jamais des résultats assez grands pour dédommager des frais d'établissement ; les propriétaires , abusés en faisant de semblables plantations , ne se résoudront jamais à cultiver un assez grand espace de terrain pour aider à leur développement. Il serait donc plus convenable , pour celui qui n'a pas de vastes propriétés et qui veut jouir des avantages que procure le Mûrier, d'arracher toutes les mauvaises haies de buisson, qui ne sont que le repaire de mille insectes différents toujours nuisibles , et de les remplacer par des haies de Mûriers, parmi lesquels il en plantera de greffés à haute tige, et sur la même ligne, à neuf mètres de distance. La quatrième année de plantation, le propriétaire trouvera en feuilles un produit qui compensera ses frais , et une quantité de bois bien supérieure à celle que produisait sa haie roncière et épineuse. Celui qui se dispose à de nombreuses plantations, et à couvrir exclusivement de grandes surfaces, doit, autant que possible, former un clos qui soit entouré de haies de Mûriers non greffés et plantés à dix-huit pouces de distance ; ensuite il doit diviser la localité de manière à y planter des Mûriers à haute tige , de treize mètres de distance, et sur la ligne, entre les arbres à hautes tiges, deux Mûriers nains ; après quoi, entre les deux lignes d'arbres, il plantera encore deux lignes de nains, à environ treize pieds de distance. Ces intervalles pourront être cultivés pendant cinq ans, de la manière indiquée plus haut. Les haies de Mûriers non greffés doivent être alternées dans leur taille, par tiers, d'après le mode des greffés.

On ne doit pas ramasser la feuille la première année de la taille; il faut se contenter d'enlever toutes les brindilles qui nuisent au développement de la végétation. Pendant deux ans il faut opérer de la sorte, et la troisième année cueillir totalement la feuille.

Beaucoup de propriétaires, peu familiers ou tout-à-fait étrangers à cette culture, tourneront peut-être en ridicule ou regarderont comme oiseuses toutes mes observations : ils diront que, le pays n'étant pas propre aux Mûriers, ils n'ont que faire de prendre tant de soins et de peines.

Mais comme leur manière de penser est le fruit de l'ignorance, et que mes longs essais et ma vieille expérience m'ont convaincu que non-seulement ici, mais partout ailleurs en France, il est possible de cultiver cet arbre avec succès, je ne reculerai pas devant le préjugé, et j'espère bien qu'avec de la persévérance et le secours des hommes progressifs, je finirai par inculquer aux esprits même les plus prévenus une opinion contraire.

Je répète ce que j'ai déjà dit, que la culture du Mûrier, indépendamment de sa supériorité productive, a sur les céréales et sur les vignobles, de plus, l'avantage incalculable de devenir un complément fructueux aux travaux de la campagne.

Dans un domaine, au lieu d'employer les domestiques à l'entretien des mauvaises haies de buisson, on les occupera plus utilement à labourer les lignes de Mûriers.

Dans les pays de vignobles, on pourra mettre également les vignerons à ce travail. Après les vendanges et à la fin de mars, ils feront un binage à la suite de leurs façons de vignes ; un second binage aura lieu aussitôt la feuille cueillie. Pour économiser les frais de culture, les labours des grandes plantations seront faits à l'araire, au moyen d'un cheval ou deux attelés l'un devant l'autre, et d'un harnais sans attelles et sans palonniers, afin de ne pas endommager les arbres ; car, après cette disposition, il ne restera pour la main de l'ouvrier que le pied des arbres.

DE LA TAILLE DES VIEUX MURIERS.

Les vieux Mûriers étant en très petit nombre, soit dans le département du Rhône, soit dans ceux du Nord, j'ai hésité d'en parler; mais, réflexion faite, j'ai pensé que ce travail serait incomplet si je n'en disais au moins quelque chose. La taille ne pourrait être parfaitement démontrée que sur les lieux : j'en ai donné quelques notions dans la première partie, au chapitre II, ce qui est à peu près suffisant pour de vieux Mûriers auxquels il n'est pas permis de donner une nouvelle forme. Tout ce que l'on peut faire, c'est de procéder à de légers élagages, afin de supprimer les branches fracassées, en cueillant la feuille. Après cela on pratiquera une nouvelle taille tous les trois ans, au mois de mars.

Pour briser les barrières qui s'opposent à la propagation des Mûriers dans les pays où ils ne sont encore qu'en petit nombre et dans ceux où il n'y en a pas du tout, il serait à propos que les riches propriétaires qui en ont déjà fait l'essai, et ceux qui ont l'intention de les imiter, accordassent des primes d'encouragement, non-seulement à leurs fermiers et à leurs grangers, mais encore à leurs domestiques. La main-d'œuvre deviendrait moins coûteuse, en raison de l'énergie et de l'émulation qui s'établiraient dans le travail; et l'intérêt personnel, valablement stimulé de la sorte, produirait sans doute des esprits observateurs qui, s'appuyant sur une pratique laborieuse, feraient faire à cette science intéressante des progrès rapides et nécessaires.

DES AVANTAGES DU MURIER SAUVAGE.

Les grands éducateurs de vers à soie s'accordent à dire que la feuille du Mûrier sauvage est supérieure à celle du Mûrier greffé. Ils prétendent que les insectes qui en seraient alimentés jouiraient d'une santé parfaite, et ne seraient point assujettis aux maladies qui souvent entraînent leur non-réussite et la ruine des éducateurs.

Le Mûrier sauvage est, en effet, beaucoup plus vigoureux, et sa durée est éternelle. Le produit de sa feuille est moindre en quantité, mais cette feuille est plus nutritive.

Les éducateurs, observateurs et expérimentés,

assurent que cinquante livres de feuilles sauvages équivalent à quatre-vingts de greffées. Néanmoins, les difficultés de la cueillette que présente le premier feront toujours adopter l'arbre greffé, du moins à l'égard des hautes tiges.

Il faut donc se borner, en ce qui concerne les sauvages, à planter la plus grande quantité possible en espèces naines et à taillis. Mais pour faire cette opération d'une manière judicieuse, et ne pas être trompés dans leurs résultats, les planteurs devront visiter les pépinières en septembre et octobre, afin de choisir ceux qui ont des feuilles larges et peu laciniées : ce sont des variétés qui proviennent des semences de Mûriers greffés, qui les égalent presque en produit et les surpassent en qualité. Ce serait pure perte que de planter ceux qui sont entièrement sauvages, et dont la feuille est pour ainsi dire semblable à celle du persil et de l'aubépine.

DU MURIER NAIN.

A l'exemple d'un certain nombre de propriétaires innovateurs, la propagation des Mûriers nains marche à pas de géant, et j'ai la conviction qu'à mesure qu'on reconnaîtra les précieux avantages qu'on en peut retirer, ils s'étendront jusqu'aux dernières limites du possible.

De toutes les améliorations que le propriétaire est susceptible de faire dans ses cultures, c'est peut-être la seule qui lui donnera amplement tous les résultats qu'il s'est promis; de plus, la grande facilité que le Mûrier nain offre pour cueillir les feuilles lui donne un avantage réel sur le Mûrier à haute tige, surtout aux premiers âges des vers à soie, où, peu de monde étant employé, des enfants bien dressés peuvent sans aucun danger remplir cette condition de travail.

Si l'on a soin de placer les magnaneries près des plantations, la cueillette peut être faite par des personnes même chargées de l'éducation des insectes, sans qu'il en résulte le moindre préjudice.

Il faudrait avoir de la feuille du Mûrier nain ou de haie, au moins pour les conduire jusqu'au troisième âge : non-seulement il y aurait économie pour la cueillette, mais cela donnerait à la feuille des Mûriers greffés le temps suffisant pour se développer. On éviterait, par là, de ramasser cette feuille dans un temps où les vers à soie mangent peu. Ajoutons qu'on ne serait pas tenu de la cueillir lentement et par gradation, ce qui nuit à l'arbre, parce que les rameaux encore garnis de leurs feuilles tirent évidemment des branches dépouillées la sève qui a été refoulée.

Les Mûriers nains qui auraient été plantés avec soin et taillés périodiquement pendant quatre ans, au mois de mars, pourront donner au *minimum* vingt-cinq livres de feuilles à 3 fr. 5o cent. les cinquante kilogrammes, prix le plus minime.

Les jeunes Mûriers, à quatre ans, auront donc payé tous les frais qu'ils auront coûtés.

Les distances les plus convenables pour les planter sont de huit à dix pieds sur la ligne et de dix à douze de distance entre lignes, selon la nature du sol.

On fera entrer dans une bicherée lyonnaise, qui est de douze mille pieds carrés, cent cinquante Mûriers nains qui auront coûté, avec frais de plantation, 154 francs à la quatrième année : on trouvera donc un revenu net de trois mille sept cent cinquante kilogrammes de feuilles qui, valant 3 fr. 5o cent. les cinquante kilogrammes, produiront un total de 118 fr. 5o cent. par bicherée, et c'est le résultat le plus faible que l'on puisse obtenir d'une plantation bien faite et bien conduite.

La taille des Mûriers nains sauvages peut être pratiquée tous les deux ans ; dans ce cas, il faut en tailler la moitié chaque année, dans le mois de mars, et dans le mois de mai ébourgeonner soigneusement les petites lambourdes et brindilles intérieures, qui finissent par périr par l'emportement de la sève et rendent difficile la cueillette de la feuille.

Il est donc d'un grand intérêt d'exécuter cette opération avec soin, soit pour l'accroissement de l'arbre, soit pour la feuille qui sert de nourriture aux vers à soie.

Mon opinion serait d'admettre le Mûrier parmi les arbres de bosquets, dont la plupart, beaucoup moins élégants que lui, n'ont d'autre mérite que celui de l'agrément. Peu d'arbres étrangers égalent sa belle verdure et fournissent un ombrage aussi épais. Il peut être classé parmi les plus touffus, au moyen de la taille.

Ceux qui ont parcouru le Vivarais et le Midi, et qui ont remarqué çà et là des contrées si fraîches, si magnifiques, ont pu s'apercevoir que toutes ces beautés de la nature sont dues aux plantations de Mûriers.

Les amateurs de parcs et de jardins d'agrément pourraient, avec des moyens limités, adopter aussi cet arbre intéressant pour prolonger leurs avenues et leurs promenades. Par ce moyen , ils concilieraient le plaisir des yeux avec leur intérêt. Ce n'est pas tout , les malheureux qui les entourent y trouveraient un moyen de plus d'existence , par le travail multiplié qu'occasionne cette branche de culture. Ceux qui adopteront cette idée devront mêler avec intelligence le Mûrier aux autres arbres dans leurs plantations de vergers et de taillis ; leurs propriétés en deviendront au moins plus pittoresques , et certainement plus lucratives.

C'est un préjugé de croire qu'un parc doit être entièrement planté de végétaux exotiques : cela n'a qu'un but, celui de satisfaire l'œil de l'amateur.

Le Mûrier, joignant l'utile et l'agréable , peut y déployer le charme de sa brillante verdure, et produire en même temps nn intérêt incontestable.

DU MURIER MULTICAULE.

Si j'élève quelques observations critiques sur cette variété, ce n'est pas pour la déprécier. Ce n'est pas non plus pour blâmer ses partisans; ils sont assez à plaindre, selon moi, d'en avoir adopté la culture, et de s'être livrés à de brillantes espérances sur la foi de certains écrivains qui n'ont aucune notion exacte de la science horticole, ni de la physiologie végétale.

Le sentiment qui a porté M. Bonafous à l'introduire en France est sans aucun doute un sentiment honorable, un sentiment d'intérêt national, et son caractère est trop au-dessus des suppositions défavorables pour qu'on ne soit pas convaincu qu'il a eu seulement le tort de se tromper.

Il est pourtant fâcheux que sa haute recommandation ait poussé les départements du Nord, et notamment les environs de Paris, à des frais énormes qui n'ont point encore rendu et qui ne sauraient rendre des résultats positifs.

Non-seulement on s'est livré à de grandes plantations de Mûriers multicaules, mais encore on a établi des magnaneries modèles, et jusqu'à ce jour aucune compensation n'est venue alimenter les espérances.

Depuis vingt-trois ans je cultive ce Mûrier, comme arbrisseau d'ornement. Sa tendance continuelle à pousser du pied, et ses feuilles larges et flasques , m'ont toujours fait remarquer que même les branches qui poussent au-dessus de la tige sont constamment verticales ; ce qui m'a donné à conclure qu'il n'est propre qu'à former des taillis ou de belles haies, qu'il faut couper ras terre tous les deux ans. Il n'y a pas de doute que le multicaule est plus délicat que le sauvage, et même que le greffé. Il ne peut prospérer dans un terrain sec et léger que pendant quelques années après sa plantation, qui aura été faite après un bon défoncement.

Quelques cultivateurs s'accordent à dire que c'est un terrain profond et frais qui convient le mieux à sa culture. Je pense comme eux , mais alors il faut sacrifier les meilleures terres à l'entretien d'un arbre qui ne rapporte rien et coûte beaucoup.

J'ai été l'un des premiers, dans le département du Rhône, à le cultiver en grand, mais avec répugnance. J'ai toujours fait observer aux personnes qui m'ont honoré de leur confiance, que l'on ne pourrait utiliser cette variété qu'autant qu'il serait possible de faire une seconde éducation de vers à soie au mois de juillet (1), et cela par

(1) Dans le mois juillet 1839, je fis éclore une demi-

rapport au retard qu'éprouve annuellement cet arbre par le fait du recèpement. Sa culture, en outre, ne peut être faite avec succès que dans des collines resserrées, à l'abri de la violence des vents, qui, brisant la feuille, lui enlèvent toute sa qualité.

L'éducateur et le cultivateur doivent donc prendre toutes les précautions possibles contre les intempéries des saisons.

J'ai cru devoir, dans l'intérêt des agriculteurs, leur soumettre ces observations : ils pourront y puiser la méthode la plus sûre pour arriver à leur but. Tout essai sur le multicaule doit être

once d'œufs de vers à soie à trois récoltes, vers à soie *tri voltis*, pour faire un essai sur ma feuille de multicaule; les insectes réussirent à merveille, mais le produit de cette variété me parut d'un rapport très médiocre : mon éducation fut achevée au 25 août. Je fis choix des meilleurs cocons et des mieux faits, pour obtenir ma graine, avec l'espoir de la conserver pour 1840 ; mais à la fin de septembre, quand je crus de mettre ma graine dans un lieu de sûreté, les insectes se trouvèrent tous éclos sur mon taffetas; ce qui me prouva que l'on ne pouvait pas plus, en France, s'attacher à cette variété de vers à soie qu'au Mûrier multicaule, par la raison que son éclosion en septembre ne permet plus l'éducation, par rapport aux fraîcheurs de la saison.

rejeté, attendu que son rabaissement annuel, causé par la gelée, ne permet son développement réel qu'au mois de juillet.

——

(PLANCHE Iᵉ.)

Nᵒ 40. — BLANC A FEUILLES ENTIÈRES, PARFOIS LOBÉES.

Quoique cette espèce soit difficile à effeuiller, elle n'en est pas moins recommandable ; elle est très soyeuse : l'arbre peut être employé avec plus d'avantage pour mi-vent que pour haut-vent, ses pousses étant naturellement faibles.

Nᵒ 16. — A FEUILLES ROSES.

Variété très recommandable : l'arbre est d'un beau port, et ses pousses s'aoûtent très à bonne heure, ce qui le met à l'abri des rigueurs de l'hiver ; feuilles abondantes et se détachant facilement de l'arbre.

N° 23. — BLANC A FEUILLES ENTIÈRES.

Variété assez bonne, qui peut être employée pour nain ou pour mi-vent; bois flexible, les yeux assez distanciés et les feuilles extrêmement tenaces.

N° 4. — MURIER D'ESPAGNE OU DE VALONIE.

Très bonne variété pour la nourriture des vers à soie, mais son petit produit doit nécessairement en faire négliger la culture.

(Planche II.)

N° 3o. — CHATEAU-RENARD.

Cet arbre est d'un port admirable; la feuille est d'un beau vert foncé et abondante, mais pas de première qualité, en raison de ses grosses nervures qui augmentent considérablement la masse de litière, ce qui produit une prompte fermentation très nuisible aux vers à soie.

N° 17. — ROMAIN A FRUIT NOIR.

Cette variété pousse avec une rapidité étonnante ; bois tendre et moelleux, s'aoûte mal, ce qui donne beaucoup de prise au froid pour sa destruction. Sa feuille est d'un beau vert luisant, mais sa tenacité la rend très difficile à effeuiller.

N° 32. — HYBRIDE DE MULTICAULE.

Cette variété a résisté à l'hiver de 1837-1838, à une température de 18° au-dessous de 0. C'est une variété très recommandable pour nain et taillis. La végétation rapide de cet arbre, et ses belles feuilles abondantes et à nervures minces, doivent le faire apprécier.

(PLANCHE III.)

N° 12. — NERVOSA.

Cette variété n'a d'autre avantage que celui de

l'agrément que procure sa feuille par sa bizarrerie. Cet arbre peut remplir un vide, avec avantage, dans un jardin paysager.

N° 15. — ROMAIN A GRANDES FEUILLES.

Cette variété doit être cultivée, mais en petite
quantité ; le bois est sensible à l'hiver. Feuilles
abondantes, mais qui ne peuvent être données
pour nourriture aux vers à soie qu'en petite pro-
portion.

N° 34. — MURIER A BOIS ROUGE.

Cette variété ne mérite d'être cultivée que pour
l'agrément de voir son bois blanc en hiver, et
rouge dès que la sève prend son mouvement
d'ascension.

N° 13. — A FEUILLES D'AUBÉPINE.

Cette variété ne doit être cultivée qu'en haie
pour commencer l'éducation des vers à soie ;
mais il vaudrait encore mieux, pour cet usage,

avoir recours à des Mûriers greffés qu'à cette variété, en raison de l'économie sur la cueillette et sur l'abondance de la feuille. Plusieurs éducateurs expérimentés assurent que 5o livres de feuilles sauvages équivalent à 8o de celles greffées. Des auteurs ont écrit de même, mais personne n'en a donné la raison. L'expérience m'a appris que la différence n'était pas dans la variété des feuilles, qu'elle n'existait que dans les nervures plus volumineuses dans la feuille greffée que dans celle non greffée : voilà réellement d'où dérive cette différence du poids de 5o livres à celui de 8o. Il faut ajouter qu'un Mûrier de dix à douze ans, qui aura été planté avec soin et bien taillé, donnera, terme moyen, 2 quintaux de feuilles à 4 francs, faisant 8 francs de revenu ; tandis qu'un Mûrier non greffé, du même âge, qui aura reçu le même soin, donnera à son propriétaire à peine de 4o à 5o livres de feuilles, ou un revenu de 2 francs seulement.

(Planche IV.)

Nº 33. — MURIER DU JAPON.

Cette espèce ne mérite pas d'occuper un rang dans nos cultures; ses feuilles sont très distanciées, et le bois très sensible à l'hiver.

Nº 3. — HYBRIDE A TRÈS GRANDES FEUILLES.

Cette variété mérite le premier rang pour buisson et taillis; son bois est très rustique, et résiste aux froids les plus rigoureux de nos climats.

Nº 2. — A FEUILLES ENTIÈRES LUISANTES.

Nouvelle variété obtenue de semis du Mûrier rose , à gros fruit noir. La feuille est difficile à effeuiller ; l'arbre est sensible à l'hiver.

(PLANCHE V.)

N° 37. — ROMAIN A FRUIT BLANC, OU OVALIE-JOLIE.

Cette variété est très recommandable par le beau port de l'arbre, l'abondance et la finesse de sa feuille qui est très précieuse pour la nourriture des vers à soie.

N° 59. — BLANC A FEUILLES OVALES ET DORÉES.

Quoique cette feuille soit d'une moyenne grandeur, elle mérite d'être cultivée ; elle est très rapprochée, facile à effeuiller. Cette variété doit être propagée pour Mûrier nain.

N° 5. — MURIER MORETTI-ÉLATA.

Ce Mûrier, franc de pieds, porte une très grande feuille sans avoir recours à la greffe : bonne pour l'éducation des vers à soie. C'est une importation d'Italie, qui **a** déjà flatté les yeux de tous les horticulteurs en France , et l'impression favorable qu'il a produite sur une infinité d'esprits a été aussi grande au moins que la déception à laquelle il a donné lieu.

En 1837 et 1838 , tous les sujets que je possédais furent complétement détruits par la rigueur de l'hiver. Cette année même de 1839-1840 , mes Mûriers moretti-élata, de 8 à 9 pieds de hauteur, ont été rabaissés jusqu'à 6 pouces au-dessus de terre , par une température de 4 à 5 degrés tout au plus au-dessous de zéro. Cette variété si précieuse et si recommandable ne peut donc être cultivée que dans certaines contrées de l'Italie , du Piémont, de la basse Provence et de l'Afrique, etc. , c'est-à-dire partout où l'hiver n'est pas connu.

(PLANCHE VI.)

N° 41. — ROMAIN COLOMBASSE-REBALAIRE.

Cet arbre est d'un port admirable, et orné d'une feuille de très grande dimension : bonne pour l'éducation des vers à soie , donnée par moitié après la quatrième mue.

N° 13. — FOGLIA DOPPIA.

Cette variété fut une de celles à qui Dandolo donna la préférence, ainsi qu'à une autre sous le nom de *Giazzola*. Ces deux variétés furent procurées à la Pépinière du département du Rhône par le professeur Balbis : malgré la beauté et l'excellence de ces deux variétés , la France ne peut en adopter la culture que dans les parties méridionales , étant trop sensibles au froid.

N° 10. — DE TARTARIE.

Cette variété peut également être employée pour la nourriture des vers à soie ; mais son petit volume en produit et les grosses nervures de sa feuille la rendent peu recommandable.

(Planche VII.)

N° 27. — COLOMBASSE.

Cette variété est bonne pour la nourriture des vers à soie, mais l'arbre a l'inconvénient d'être sensible au froid et difficile à effeuiller. Mais le zèle du département du Rhône est resté intact pendant de si nombreuses années pour cette industrie si éminemment utile, que les pépiniéristes de Lyon n'ont jusqu'à présent connu et cultivé presque que cette variété.

N° 24. — GROSSE REINE.

Cette variété est peu recommandable : gros bois court, moelleux et cassant ; grandes feuilles nerveuses, à substance fibreuse et parenchyme solide : ce sont celles qui conviennent le moins pour la nourriture des vers à soie.

N° 28. — MALE DU COMTAT.

Cette variété est très recommandable. L'arbre
est d'un beau port, le bois s'aoûte de bonne
heure, et résiste au froid le plus rigoureux de
nos climats : la feuille est d'une grande dimension, et de très bonne qualité.

————

(Planche VIII.)

N° 29. — ROSE DU LANGUEDOC.

Variété recommandable par la beauté et la
rusticité de l'arbre, l'abondance et la bonne qualité de sa feuille.

N° 22. — ROSE A FEUILLES LOBÉES.

Cette variété n'est convenable, en France, que
dans les parties méridionales. Sa végétation se

prolongeant trop tard, les premiers froids détruisent ses nouvelles pousses.

(Planche IX.)

N° 11. — ROMAIN A FEUILLES MOYENNES.

Cette variété n'est pas des plus intéressantes
en économie; malgré sa beauté, les grosses nervures de la feuille la font désapprécier.

N° 9. — ROMAIN COLOMBASSE.

Cette variété est très recommandable par le
beau port de l'arbre, l'abondance des feuilles et
leur bonne qualité.

(Planche X.)

N° 35. — HYBRIDE DE MULTICAULE
A FEUILLES DÉCOUPÉES.

Cette variété ne peut être utilisée qu'en haie

ou taillis, par rapport à la faiblesse de ses branches. Les feuilles sont à une grande distance et les nervures très grossières, ce qui rend cette variété peu recommandable.

Nº 20. — ROMAIN TARDIF.

Cette variété a l'avantage d'être souvent exempte des froids tardifs du printemps et des froids précoces de l'automne ; le bois s'aoûte très bien, et résiste à l'hiver ; la feuille est de bonne qualité.

——

(PLANCHE XI.)

Nº 26. — GIAZZOLA.

Cette variété est cultivée avantageusement en Italie ; elle peut l'être également dans le midi de la France , mais non dans les départements du centre et ceux du nord , par rapport à l'hiver.

N° 38. — MARGOT.

Nouvelle variété peu répandue : bois gros, court et vertical ; la feuille est bonne pour la nourriture des vers à soie.

N° 19. — MALE DU PIÉMONT.

Cette variété est très recommandable ; l'arbre est très robuste, résiste au froid le plus rigoureux de nos climats ; la feuille est très abondante et de bonne qualité.

N° 7. — A FEUILLES ROSES.

Cette variété est très recommandable pour les pays chauds : sa végétation merveilleuse et le beau brillant de sa feuille ne laissent rien à désirer à l'amateur d'une belle culture ; il est à regretter que cette brillante variété ne puisse résister constamment sous notre température.

. (PLANCHE XII.)

N° 14. — LANGUE DE BŒUF ,

Appelée ainsi dans le Vivarais et le Languedoc.

Cette variété est assez estimable ; l'arbre assez robuste ; feuilles abondantes, estimées dans le département de l'Ardèche.

N° 18. — BLANC A FEUILLES GLABRES.

Très bonne variété pour être cultivée à mi-vent ; feuilles rapprochées et faciles à effeuiller.

———

(PLANCHE XIII.)

N° 1. — PYRAMIDAL.

Cette variété ne convient qu'aux pays où les hivers se font peu sentir.

N° 25. — BLANC ROMAIN.

Cette variété est très recommandable sous tous les rapports : l'arbre résiste à l'hiver, pousse vigoureusement; grandes feuilles, abondantes et presque sans nervure.

N° 6. — MORETTI.

Cette variété est moins sensible à l'hiver que le Moretti-Elata, mais les feuilles de moyenne grandeur se trouvent placées à une grande distance l'une de l'autre, et cet arbre est très difficile à effeuiller. L'horticulture a fait un si grand pas en France, que l'on a obtenu par semis des variétés du Mûrier blanc à larges feuilles, résistant bien à l'hiver : ce qui décidera sans doute bientôt l'abandon de la culture du Moretti, dont le mérite est plus spécieux que réel.

N° 56. — TORTUOSA ,

BOIS TORTU ET FEUILLES GLAUQUES.

Cette variété n'a pour avantage que l'agrément
que les yeux reçoivent de sa bizarrerie.

———

(PLANCHE XIV.)

N° 8. — HYBRIDE DE MULTICAULE ,

A TRÈS GRANDES FEUILLES ET A BOIS RUSTIQUE.

Cette variété ne peut être utilisée avec avantage qu'en buisson ou taillis.

N° 21. — A FEUILLES LOBÉES.

Cette variété ne peut être appréciée que dans
les pays où les hivers sont peu rigoureux.

(Planche XV.)

MURIER MULTICAULE.

(Le Mûrier multicaule a été décrit à la page 64).

OBSERVATION IMPORTANTE

SUR LE MURIER GREFFÉ.

J'ai dit, page 58 , sur les avantages du Mûrier sauvage , que la feuille de celui-ci était plus nutritive que celle du Mûrier greffé , et je répète aussi ce que j'ai dit à la description du Mûrier à feuilles d'aubépine (planche III, n° 13) que la différence de la feuille en qualité se réduisait à celle du poids ; que les nervures de la feuille greffée étaient plus considérables que celles du Mûrier à feuilles laciniées, attendu que toutes les variétés de Mûriers à larges feuilles proviennent de semis qui craignent plus ou moins l'hiver.

J'ai obtenu dans mes semis de nombreuses variétés à très larges feuilles, que je ne décrirai qu'après avoir été convaincu de leur mérite, par les résultats que j'en obtiendrai. En 1839 je fis une expérience de vers à soie blanc *sina*; je ne donnai pour nourriture à ces insectes que des feuilles de Mûrier greffé : ils n'eurent que cette nourriture pendant tout le temps de leur éducation, et ils réussirent très bien, puisque de 400 kilogrammes de feuilles j'obtins en résultat 22 kilogrammes de cocons de très bonne qualité.

CONCLUSION.

J'ai exposé, autant qu'il a dépendu de moi, tous les avantages que présente la culture du Mûrier, et la meilleure méthode à suivre pour en obtenir de bons résultats.

Il y a, sans doute, encore beaucoup à dire : le champ des observations est trop vaste pour qu'il soit donné à un homme seul de le parcourir dans tous les sens. Les difficultés de ma position ont été et devaient être d'autant plus grandes que, comme je l'ai dit en commençant, n'étant point éclairé par le flambeau de la science, et n'ayant d'autres facultés que celles plus ou moins limitées de ma nature, je me suis trouvé réduit dans mes travaux aux seules ressources de l'amour du travail et d'une persévérance à toute épreuve.

Toutes mes remarques, toutes mes expériences, sont le résultat d'une pratique laborieuse ; il n'est pas un fait avancé qui ne soit incontestable et qui n'ait pour garantie la vérité la mieux établie. Si je n'étais mû par un sentiment profond de conscience, il m'aurait été facile d'ajouter encore à cet ouvrage ; mais la plupart des matériaux dont j'aurais pu l'agrandir ne me paraissant pas suffisamment élaborés, je préfère m'abstenir de les employer, jusqu'à ce que le temps et les épreuves m'aient appris positivement s'ils comportent la plus parfaite solidité. En attendant, je crois avoir rempli un vide urgent à combler, en publiant ce Traité de culture.

Je désire être entendu des petits comme des grands propriétaires, et mon espoir le plus vif et le plus flatteur est d'avoir jeté quelques semences de prospérité dans le terrain de l'intérêt public.

Les nombreuses observations que j'ai faites dans le Midi, dans le département de l'Ardèche et celui de la Drôme, m'ont convaincu que les lois de la végétation sont partout les mêmes ; et, lorsqu'une méthode s'appuie sur des principes raisonnés et non systématiques, les modifications qu'entraîne la différence des lieux sont tout-à-fait légères.

Chaque pays n'a-t-il pas ses avantages résultant du climat et de la température ?

Les soies du Vivarais et des Cevennes garde-
ront-elles leur supériorité par l'air pur et raréfié
qui circule dans les montagnes de ces contrées?
Le Nord, libre de tous préjugés, adoptera plus
vite les bonnes méthodes pour la taille des arbres
et l'éducation des vers à soie ; il appellera aussi à
son aide les inventions utiles, telles que le ventilateur et le calorifère, et ces appareils ingé-
nieux, dont M. Camille Bauvais a eu l'heureuse
idée de faire l'application aux magnaneries, re-
médieront à ce qu'une température trop froide
ou trop chargée pourrait offrir d'obstacles au
succès des éducations.

Les ventilateurs sont indispensables pour une
grande magnanerie, susceptible d'une forte fermentation par la quantité d'insectes et de litière
qui y est contenue, pour établir un courant d'air
suffisant, puisque cet insecte vit et réussit parfaitement en plein champ et y donne des cocons
de très bonne qualité.

Les petits propriétaires, qui ne peuvent pas
faire la dépense d'un calorifère et d'un ventilateur, peuvent faire leur éducation dans leur
cuisine, où le grand air de la porte d'entrée est
aspiré par la cheminée, et ils ont la certitude
d'un parfait résultat.

Les vers à soie réussissent à une température de sept à huit degrés de chaleur ; il suffit de les tenir bien secs et bien aérés dans un lieu quelconque, mais dégagé de toute espèce de fermentation. Néanmoins celui qui peut établir de quinze à dix-huit degrés de chaleur régulière avec une colonne d'air suffisant, obtiendra un résultat bien plus satisfaisant en économie, soit sur la main-d'œuvre, soit sur la quantité de feuilles que ces animaux consomment de moins, parce que, la chaleur étant réglée de quinze à dix-huit degrés, on peut en vingt-huit jours obtenir les cocons ; tandis que, par une chaleur irrégulière de température, on ne peut guère les obtenir qu'en quarante jours : ce qui diminuerait de beaucoup les bénéfices, par la quantité de journées qu'il faudrait employer de plus.

Je ferai observer néanmoins que ces appareils, dont l'utilité ne peut être contestée, pourraient, dans certains cas, ne pas être mis en usage ; et je vais indiquer les circonstances dans lesquelles on peut s'en passer, et les moyens à employer en remplacement.

Les personnes dont la fortune est très limitée, et qui cependant veulent élever des vers à soie, peuvent se dispenser d'acheter un ventilateur et un calorifère, en établissant leur magnanerie dans leur cuisine. Cette idée paraîtra peut-être étrange; mais, pour ceux qui en ont l'expérience, la chose sera tout-à-fait simple et naturelle : en effet, les différents mets qui se préparent dans la cuisine exhalent une odeur qui absorbe la fermentation. Cette cause évidente des maladies se trouve ainsi paralysée, dans son principe, par l'expédient le plus simple et le plus économique.

Dans ce cas-là, il faut placer dans la magnanerie un poêle banal pour tous les ouvriers qui y sont employés, et avoir soin préalablement de faire carreler l'emplacement où il se trouve, afin de prévenir les dangers que l'action du feu pourrait occasionner. Une orangerie est également propre à la chose, car les plantes qui y ont passé l'hiver ont dû absorber les exhalaisons répandues dans l'appartement; enfin une grange, au-dessus de l'écurie, conviendrait aussi, par la raison que le foin et autres fourrages artificiels assainissent convenablement les étages supérieurs. Je vais en fournir deux exemples.

En 1832 je pris une demi-once de vers à soie, pour mettre à profit les débris de ma pépinière, et en même temps pour faire un essai dans une petite cuisine obscure où souvent la fumée ne permettait pas de rester. Je ne dressai aucune étagère. Au moment de la montée, je mis simplement de la paille de choux soutenue un peu au-dessus des vers à soie; je les approchai de la cheminée pour leur procurer plus de chaleur, et, lorsqu'ils en furent au travail des cocons, ils allèrent se loger au plancher, qui était tellement enfumé qu'il semblait être peint en noir; il y en eut même qui s'introduisirent dans la cheminée.

En définitive, j'obtins les plus beaux résultats possibles.

J'ai un frère qui habite St-Geoire, près de Voiron (Isère); il m'a écrit dernièrement que, bien que dans beaucoup de pays il y ait eu cette année peu de cocons, et encore de faible qualité, il en a obtenu, lui, cent quarante-cinq livres pour une once et demie de graines.

Ce résultat, certainement des plus satisfaisants, a été obtenu d'après la méthode que je viens d'indiquer. Je citerai un autre exemple.

Mad. Fugier, gouvernante de M. le comte de Vallier, demeurant aussi à St-Geoire, a fait, cette année, l'éducation de deux onces de vers à soie, dans un appartement où elle ne pouvait introduire aucun air du nord, ce qui lui fit con-

cevoir des craintes très vives de perdre dans un
instant tout le fruit de ses peines par une bouf-
fée de vent du midi. Ce fut le jour où les vers
à soie avaient commencé leur travail, qu'elle
prit cette alarme ; mais, éclairée par trente ans
d'expérience, elle parvint bientôt à dissiper ses
craintes. Il y avait dans l'intérieur de sa maison
un escalier en pierre de taille qui montait au
grenier; elle le fit arroser avec de l'eau très
fraîche; elle déposa les insectes sur des planches,
de manière à pouvoir leur donner tous les soins
nécessaires. Cet escalier prenait naissance dans
une cave qui avait plusieurs larmiers, au moyen
desquels l'air pouvait circuler; elle fit ouvrir
toutes les croisées du grenier, ainsi que les portes
d'entrée et du vestibule, afin d'augmenter la
densité de l'air; elle fit arroser aussi toute la
pièce où l'éducation avait lieu, tant extérieure-
ment qu'intérieurement : les vers recouvrèrent
aussitôt leur santé naturelle et le courage qui
leur était nécessaire pour leur travail.

Elle nettoya avec soin l'appartement où l'éducation avait été faite, elle replaça habilement
ses étagères et sa bruyère, et aussitôt elle y
reporta ses animaux pour les faire travailler.
Cette opération dura environ douze heures

avec le plus heureux succès, puisque de trente-huit quintaux de feuilles elle a obtenu 103 kilog. de cocons première qualité.

Cet exemple, joint à plusieurs autres, m'a prouvé que l'air et le grand jour du midi étaient contraires aux magnaneries. Si les lieux où l'on fait l'éducation des vers à soie sont destinés à d'autres usages, tels qu'orangerie, fenil, etc., les jours du midi doivent avoir des portes et volets qui ferment hermétiquement, avec de grandes ouvertures au nord et des soupiraux sur les toits, ou des lucarnes vitrées qui puissent se mouvoir au moyen de crémaillères pour donner de l'air au besoin, et recouvertes toutefois d'une toile pour préserver du soleil la partie qui se trouverait occupée par des vers à soie. J'ai vu un exemple assez frappant pour donner lieu à cette observation : une magnanerie était placée dans des étages supérieurs éclairés par de petites croisées au nord, et par une lucarne au toit qui frappait sur une table remplie de vers à soie prêts à monter à la bruyère pour faire leurs cocons : le proprié-taire, qui avait mis tous ses soins à l'éducation de ses vers à soie, se voyant satisfait de ses peines sur l'apparence d'une belle récolte, m'engagea à visiter sa magnanerie, qui m'aurait rendu aussi sensible à son succès que le propriétaire lui-même, si ce n'avait été la perte, que j'aperçus en entrant, d'environ quatre cents vers qui étaient brûlés par le reflet du soleil qui frappait sur les vitres, pour n'avoir pas établi, faute d'expérience, un courant d'air qui aurait brisé les rayons du soleil, ou eu la précaution de couvrir le vitrage avec une toile. Si la température ne permettait pas d'établir une forte colonne d'air pour la salubrité de l'appartement, il faudrait incontestablement établir une chaleur régulière et plutôt de quatorze à seize degrés que de dix-neuf à vingt; car la température de St-Geoire, qui, sans contredit, est bien plus froide que celle de Lyon, à cause du voisinage des montagnes de la Savoie et de la Chartreuse, me fait conclure aisément que ces animaux ne peuvent réussir sans un grand air pur.

Dois-je ajouter que c'est aux soins pratiques que l'on doit un succès si complet dans ce pays, où la température est la même que celle de l'Ain, du Jura, et d'une partie de la Côte-d'Or et des départements du Nord?

Vingt-quatre années d'expérience m'obligent à dire que je n'ai vu nulle part les vers à soie réussir aussi bien qu'à St-Geoire; il serait à désirer que cette considération fût appréciée par les habitants des départements que je viens de nommer. Les grands produits que l'on retirerait de plus de cette belle branche d'industrie agricole mettraient en concurrence l'agriculture, si éminemment utile pour la nation, avec l'industrie commerciale qui absorbe les bras des campagnes, et produit ensuite, dans les grandes villes, une partie de ces hommes qui ne sont qu'à charge à la société.

Je ne finirais pas si je voulais aborder tous les faits dont je pourrais appuyer mes principes ; je crois, du reste, en avoir dit assez pour prouver l'importance du sujet que je viens d'embrasser. Que le public compétent auquel je m'adresse lise avec attention ; il en retirera de précieuses conséquences, et j'ose espérer qu'il m'accordera le mérite d'avoir fait quelque chose dans l'intérêt national.

FIN.

I

Taille du Mûrier.

Plantation.

Poussée de la 1re année.

Taille.

Poussée de la 2e année.

1re année

2e année

Poussée de la 3e année.

Poussée de la 4e année.

Taille.

Taille.

3e année

4e année

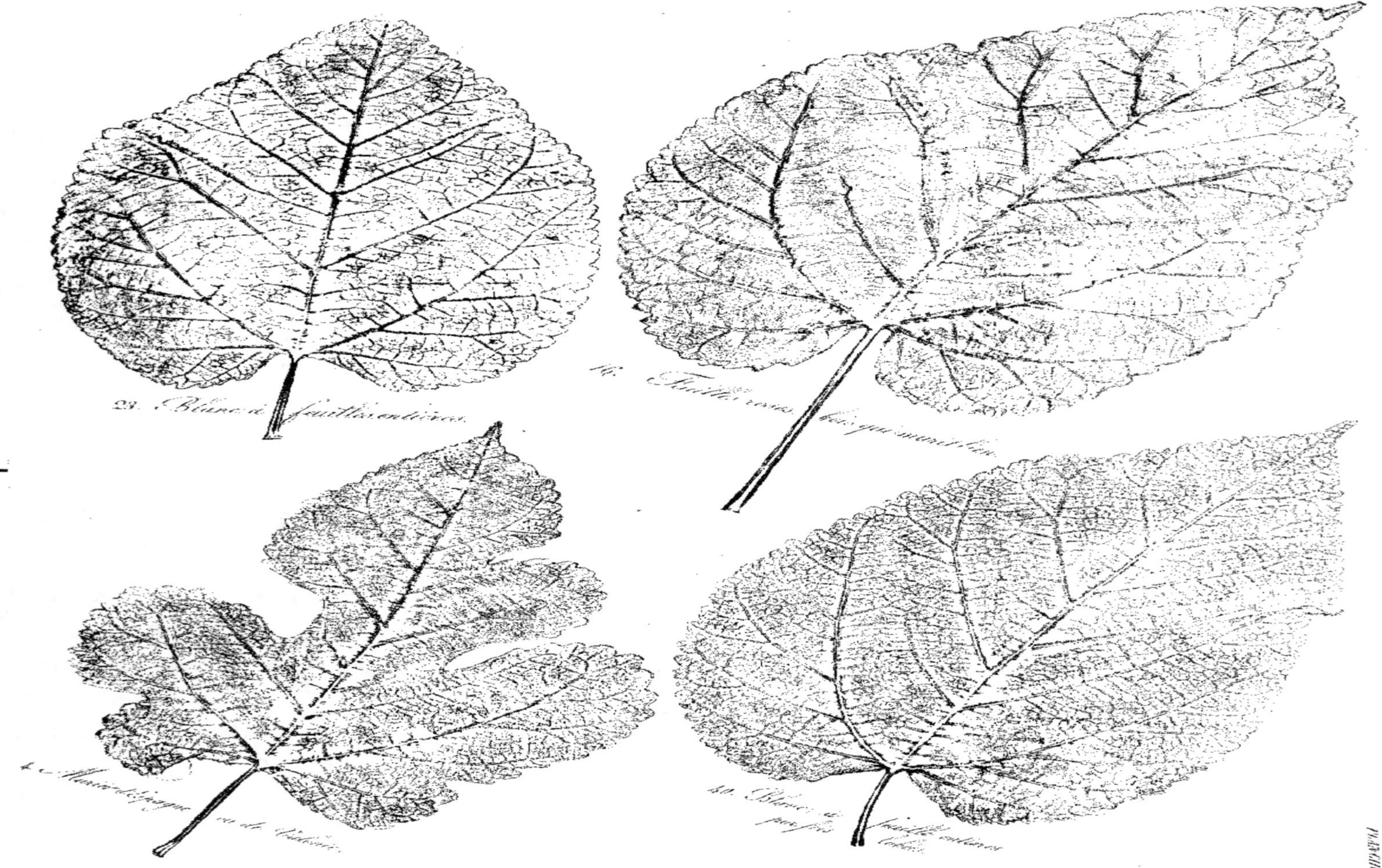

23. Mûrier à feuilles entières.
16. Feuille rosse, fine, peu mûre due.
4. Macédoine ou de Valence.
30. Mûrier à feuilles entières, petites, rondes.

Imprimerie de Louis Perrin, rue d'Amboise, 6, à Lyon.

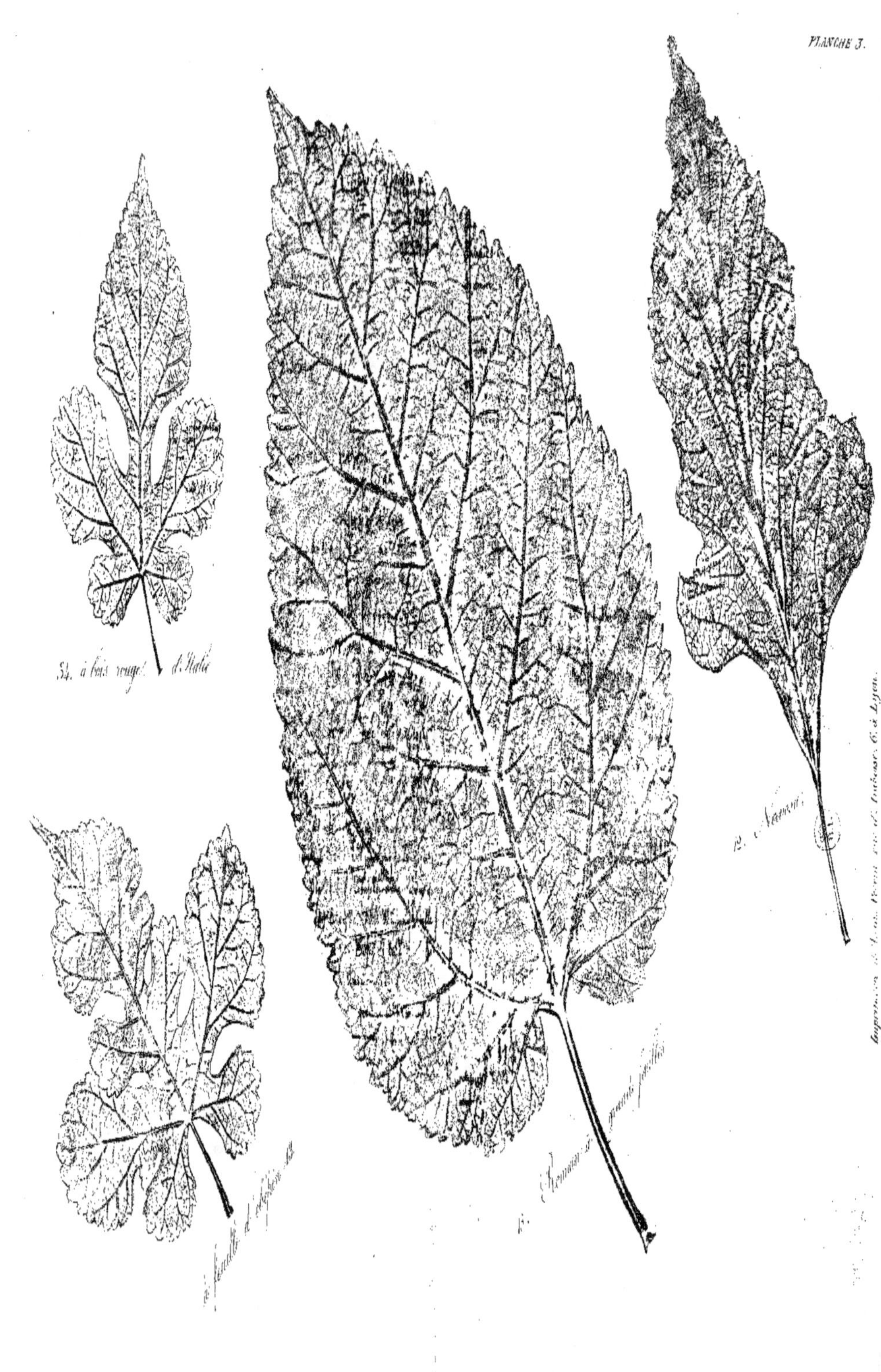

PLANCHE 3.
54. à bois rouge d'Italie
à feuille découpée
Romain à grande feuille
Aramon

Imprimerie de Louis Perrin, rue d'Amboise, 6, à Lyon.

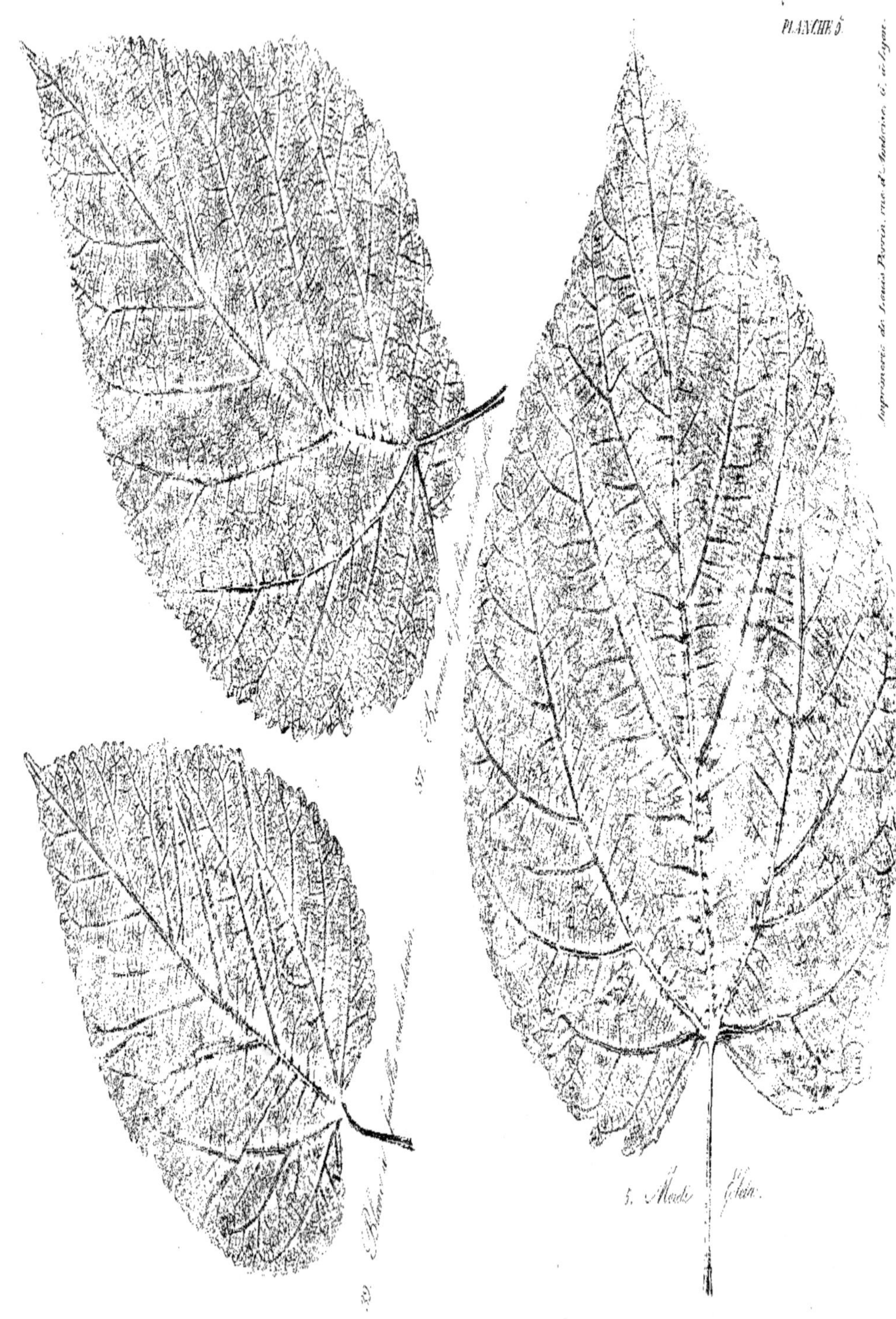
Imprimerie de Louis Perrin, rue d'Antoine, 6. à Lyon.

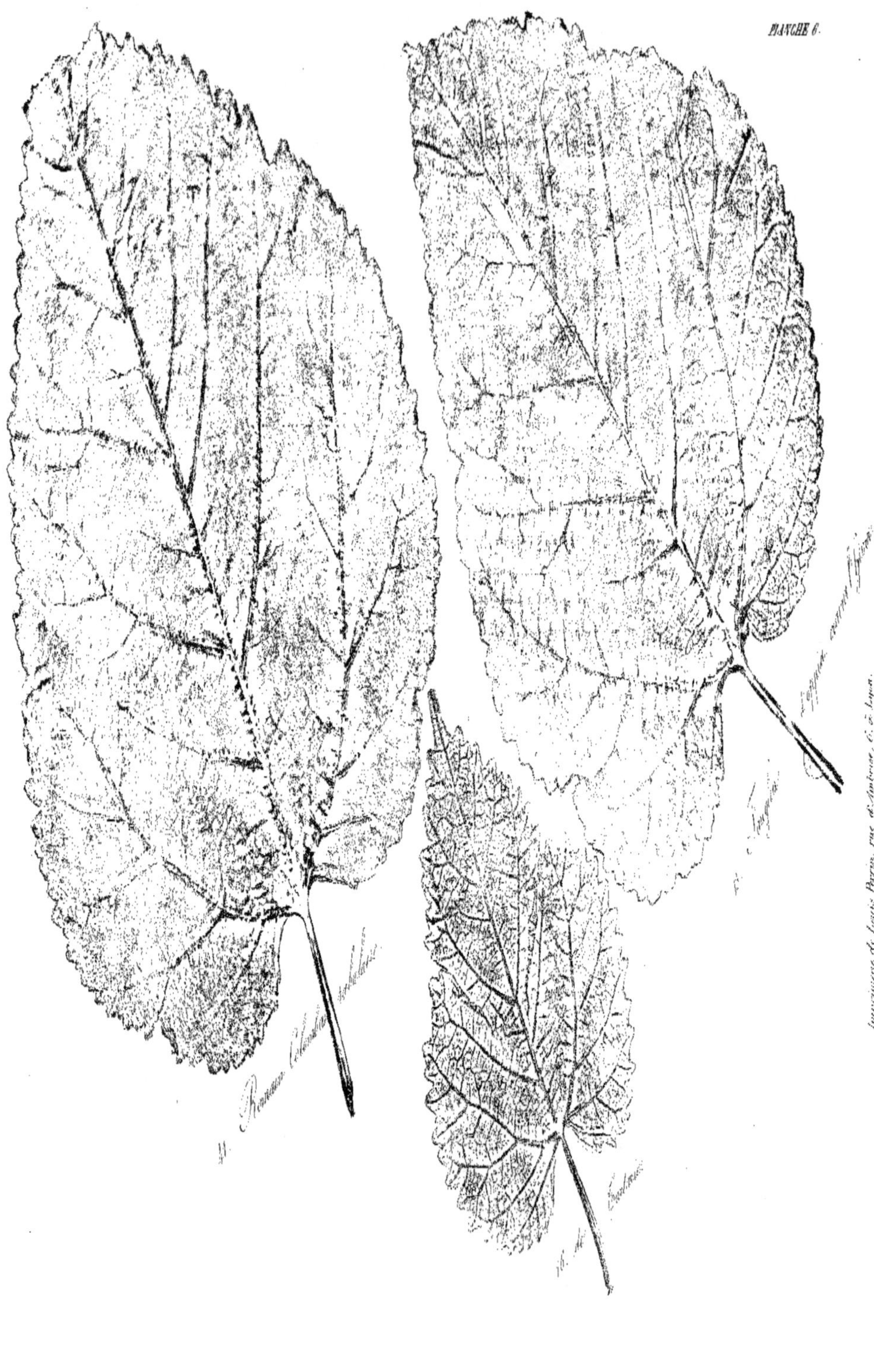

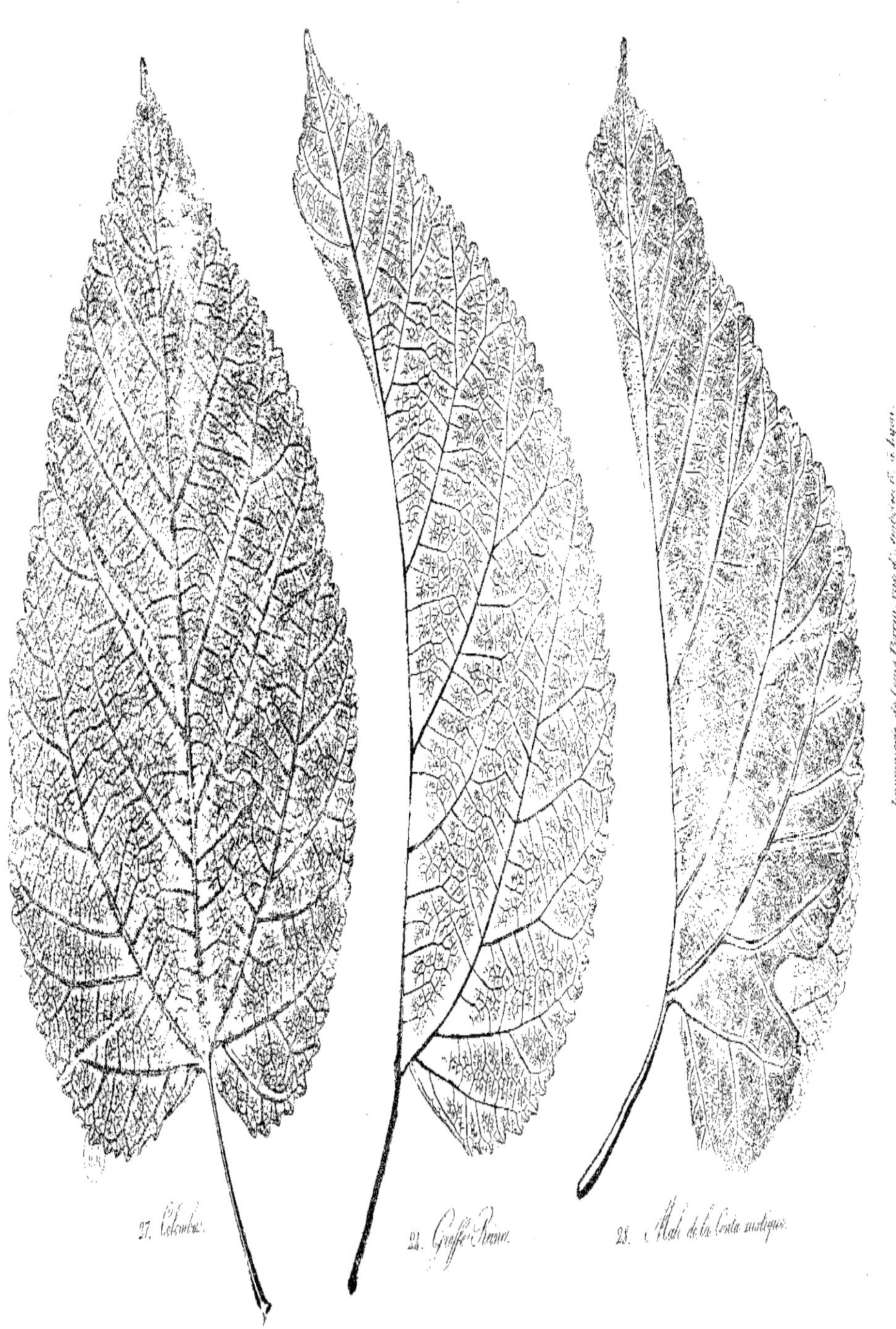

27. Colombin.
22. Greffe Rouan.
28. Mali de la Costa rustique.

22. Rose à feuilles de bleu avant l'hiver.

22. Rose du Languedoc.

Lithographie de Louis Perrin, rue d'Amboise 6 à Lyon.

9. Romain. Colombas.

11 Romain, Feuille moyenne.

96. Germain tardif.

35. Hybride découpé de Monthol.

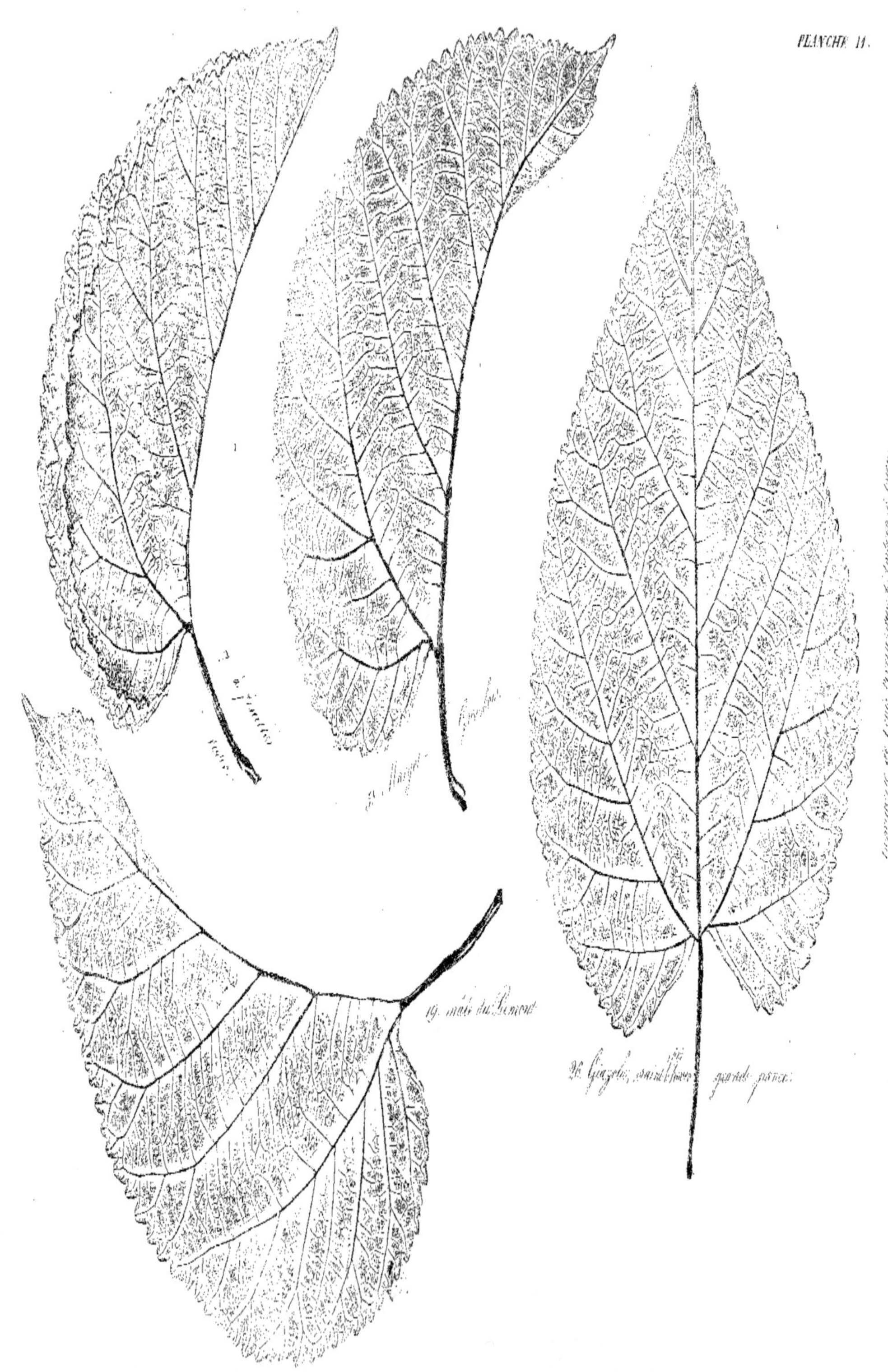
PLANCHE 11.
19. mûri du Piémont

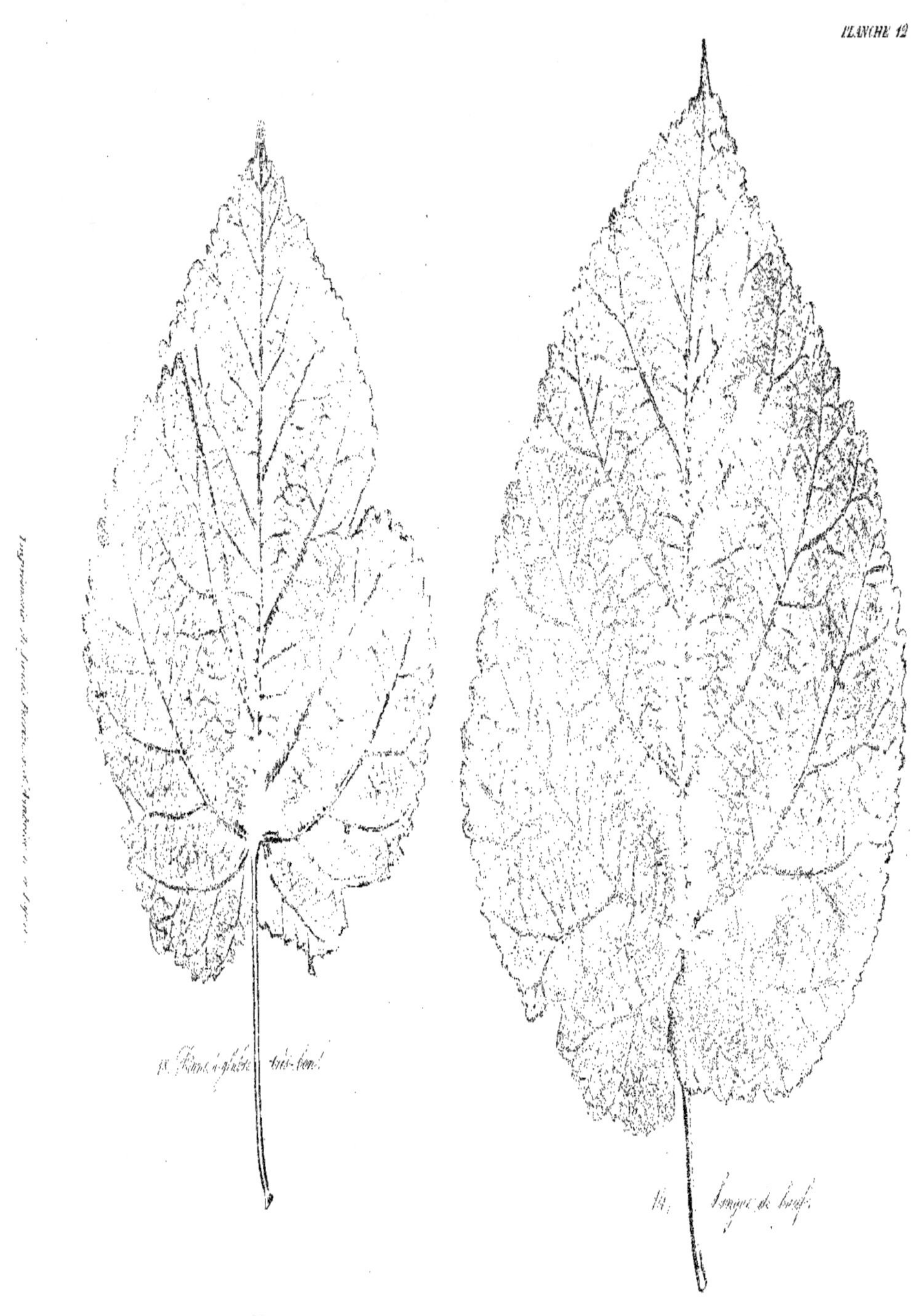

PLANCHE 13

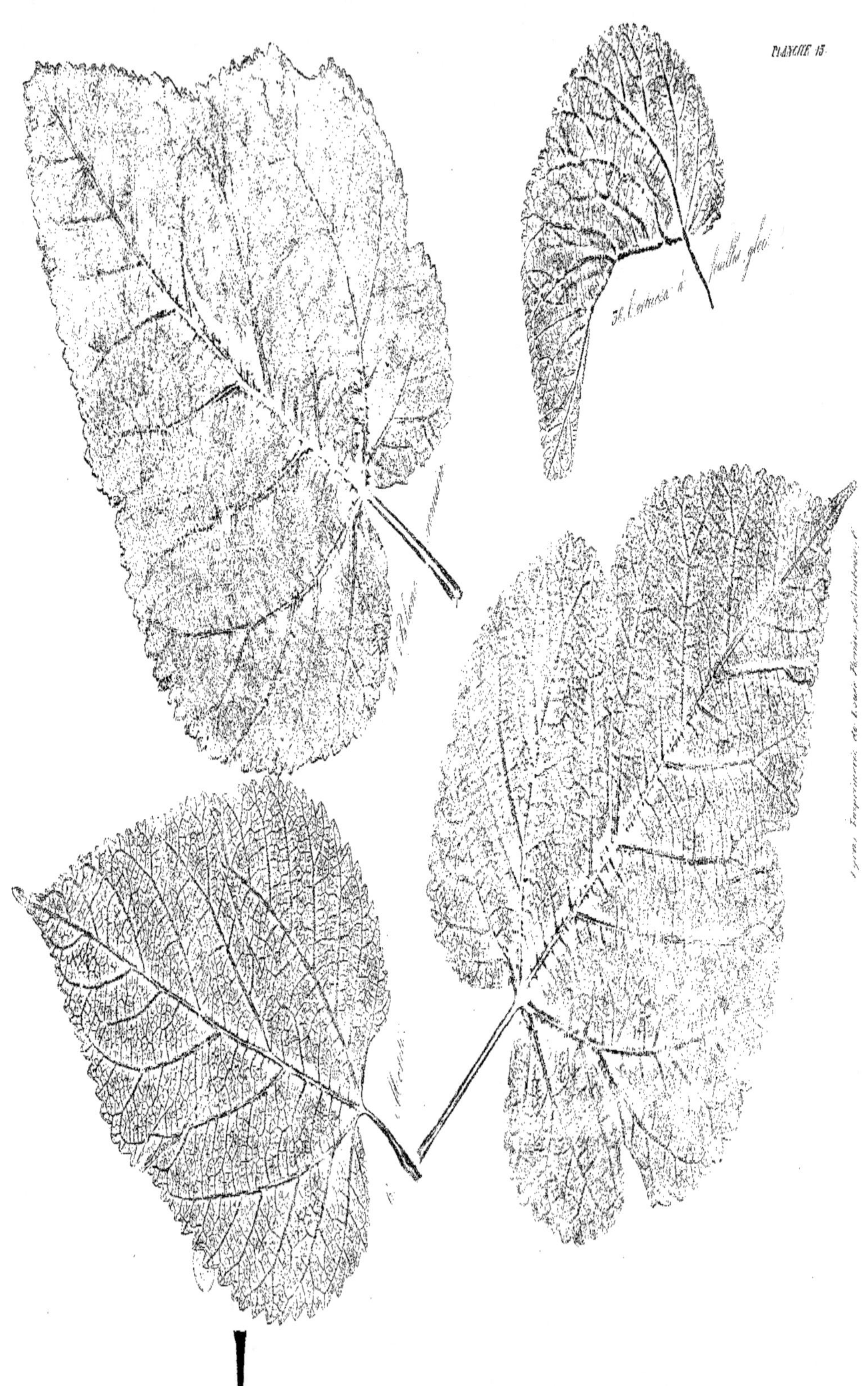

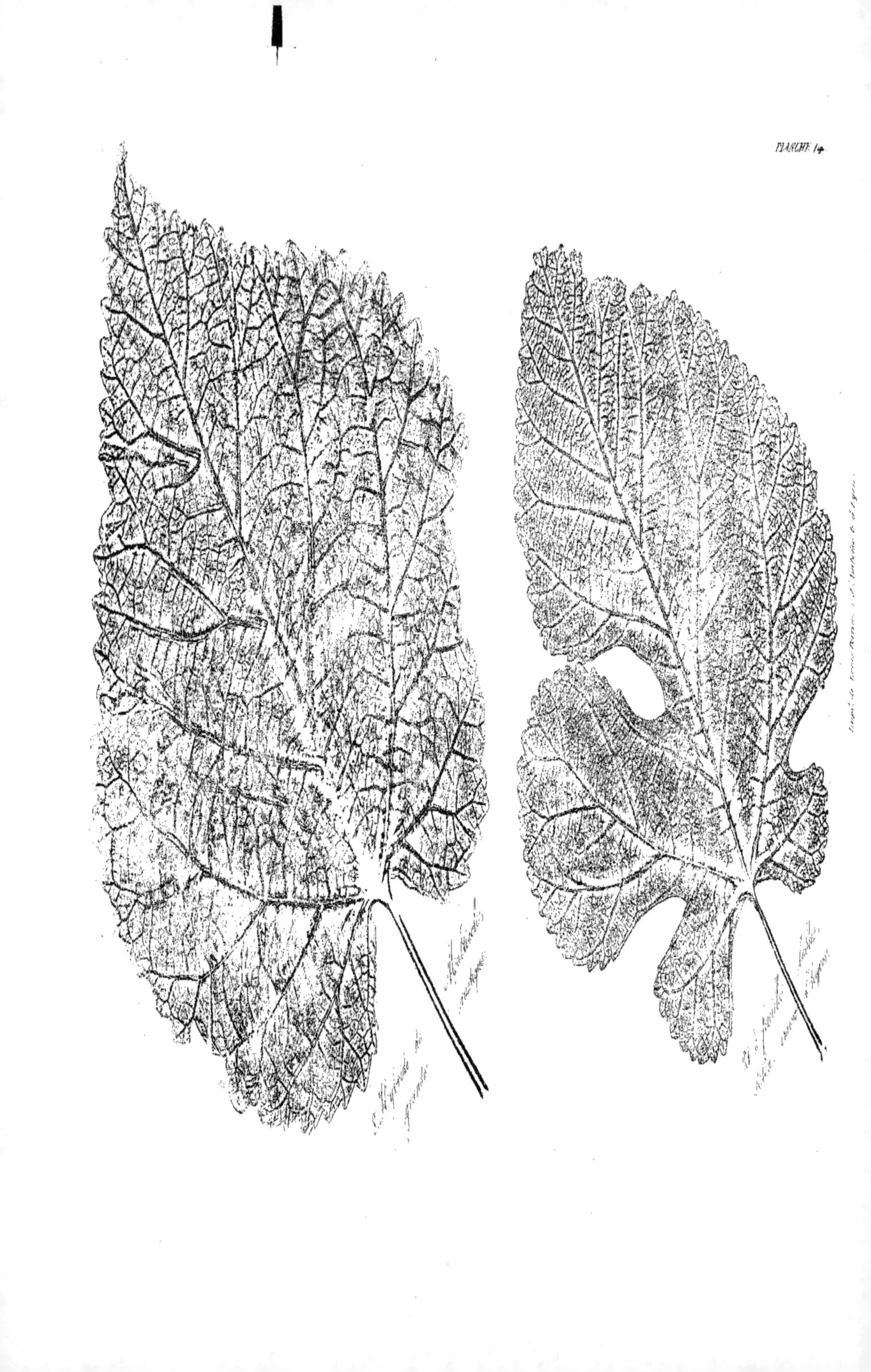

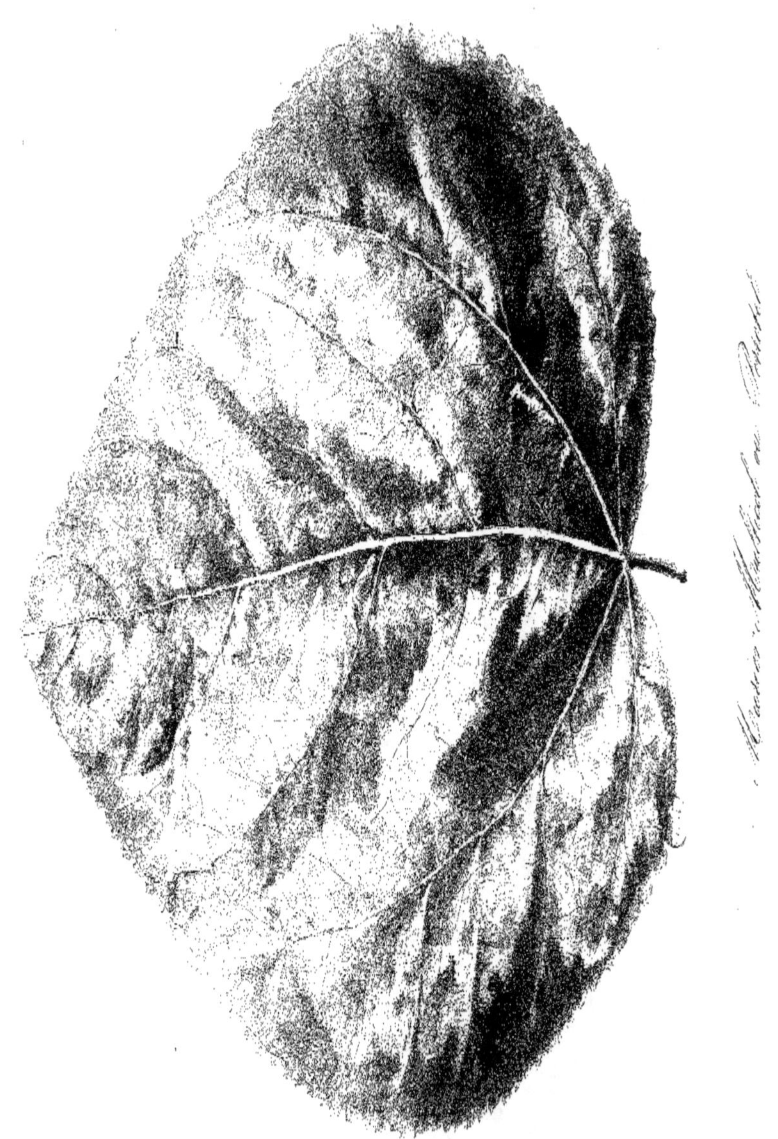